煤炭行业特有工种职业技能鉴定培训教材

矿 井 通 风 工

（技 师）

·修 订 本·

煤炭工业职业技能鉴定指导中心　组织编写

煤 炭 工 业 出 版 社

·北 京·

内 容 提 要

本书以矿井通风工国家职业标准为依据，介绍了矿井通风工技师职业技能考核鉴定的技能知识。内容包括作业前准备、矿井通风技术测定、作业项目的实施、矿井通风管理、煤矿重大危险源及事故处理、矿井生产安全管理、培训指导。

本书是矿井通风工技师职业技能考核鉴定前的培训和自学教材，也可作为各级各类技术学校相关专业师生的参考用书。

本书编审人员

主　编　张宏干　徐景贤

副主编　曲晓明　温永宇

编　写　姜培坤　张宏宇　席艳瑶　杜　楷　张居仁
　　　　　蒋春光

主　审　王安陆

审　稿（按姓氏笔画为序）

　　　　　马　强　王世平　王建利　付士建　孙九良

　　　　　孙和平　李书亭　杨良智　张永福　段树青

　　　　　秦希东　贾振刚　董养存

修　订　徐景贤　史惠堂

前　　言

为了进一步提高煤炭行业职工队伍素质，加快煤炭行业高技能人才队伍建设步伐，实现煤炭行业职业技能鉴定工作的标准化、规范化，促进其健康发展，根据国家的有关规定和要求，煤炭工业职业技能鉴定指导中心组织有关专家、工程技术人员和职业培训教学管理人员编写了这套《煤炭行业特有工种职业技能鉴定培训教材》，作为国家职业技能鉴定考试的推荐用书。

本套职业技能鉴定培训教材以相应工种的职业标准为依据，内容上力求体现"以职业活动为导向，以职业技能为核心"的指导思想，突出职业培训特色。在结构上，针对各工种职业活动领域，按照模块化的方式，分初级工、中级工、高级工、技师、高级技师 5 个等级进行编写。每个工种的培训教材分为两册出版，其中初级工、中级工、高级工为一册，技师、高级技师为一册。

本套教材自 2005 年陆续出版以来，现已出版近 50 个工种的初级工、中级工、高级工教材和近 30 个工种的技师、高级技师教材，基本涵盖了煤炭行业的主体工种，满足了煤炭行业高技能人才队伍建设和职业技能鉴定工作的需要。

本套教材出版至今已 10 余年，期间煤炭科技发展迅猛，新技术、新工艺、新设备、新标准、新规范层出不穷，原教材有些内容已显陈旧，已不能满足当前职业技能鉴定工作的需要，特别是我国煤矿安全的根本大法——《煤矿安全规程》（2016 年版）已经全面修订并颁布实施，因此我们决定对本套教材进行修订后陆续出版。

本次修订不改变原教材的框架结构，只是针对当前已不适用的技术及方法、淘汰的设备，以及与《煤矿安全规程》（2016 年版）及新颁布的标准规范不相符的内容进行修改。

技能鉴定培训教材的编写组织工作，是一项探索性工作，有相当的难度，加之时间仓促，缺乏经验，不足之处恳请各使用单位和个人提出宝贵意见和建议。

煤炭工业职业技能鉴定指导中心

2016 年 6 月

目　　次

第一章 作业前准备

第一节 矿井安全管路系统图

煤矿井下瓦斯、火、煤尘、水、顶板等隐患的存在，使得煤矿生产的工作条件变得恶劣。人们在长期的煤矿生产中，总结出了一系列防治井下各种自然灾害的方法，对保障煤矿安全生产、促进煤炭工业持续稳定健康地发展发挥着积极作用。其中，井下消防洒水、黄泥灌浆、抽放瓦斯等均是目前煤矿普遍采用且行之有效的防治措施。《煤矿安全规程》第十四条规定，防尘（井下消防洒水）、防火注浆（黄泥灌浆）、抽采瓦斯管路系统图等为井工煤矿必须及时填绘反映实际情况的图纸。本节主要介绍煤矿安全工程中常用的井下消防洒水管路系统图、灌浆管路系统图、瓦斯抽采管路系统图的图示内容、识读方法和绘制。

一、井下消防洒水管路系统图

1. 井下消防洒水管路系统图内容

煤矿井下火灾是煤矿主要灾害之一。矿井一旦发生火灾，不仅烧毁设备和资源，往往还可造成瓦斯、煤尘爆炸，使灾害程度和范围相应扩大。为了安全、迅速、有效地扑灭和控制火势扩大、蔓延，最大限度地减少火灾事故造成的人员伤亡和财产损失，《煤矿安全规程》第二百四十九条规定，矿井必须设地面消防水池和井下消防管路系统。

矿尘亦是煤矿的主要灾害之一。煤矿生产过程中，每一道生产工序都产生大量的粉尘，因而井下粉尘分布面广。煤尘能造成严重的煤尘爆炸灾害，岩尘和煤尘还能污染作业环境，使工人罹患尘肺病。为了消除或减轻煤矿粉尘的危害，必须对井下各种尘源进行治理。目前治理粉尘的基本手段是水。《煤矿安全规程》第六百四十四条规定，矿井必须建立消防防尘供水系统，没有防尘供水管路的采掘工作面不得生产。

通常将井下消防管路系统和防尘洒水供水管路系统合二为一，称之为井下消防洒水管路系统。该系统既满足井下消防，又能满足井下防尘洒水。

井下消防洒水管路系统图是表示煤矿井下消防和防尘供水管路系统及有关技术参数的图件，是矿井消防洒水工程设计、施工、管理中的主要图纸。图1-1为某矿井井下消防

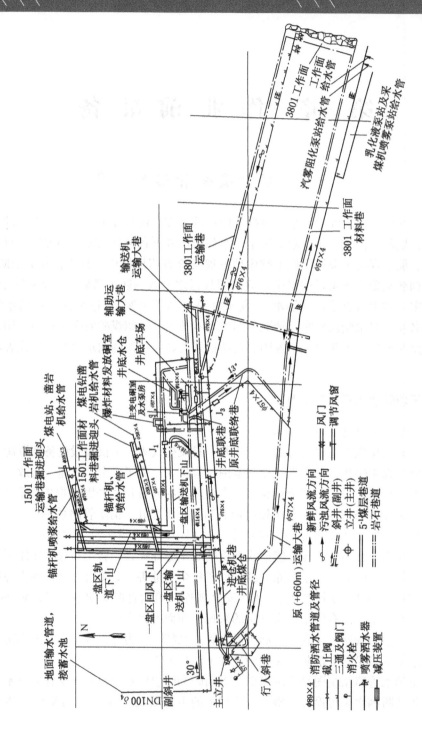

图 1-1 某矿井井下消防洒水管路系统工程平面图

洒水管路系统工程平面图。

井下消防洒水管路系统图中图示内容主要以图样形式反映，辅以文字和表格说明，主要内容包括以下7个方面：

（1）井下管网布置及供水方式。

（2）消防洒水水源及用水量。

（3）消火栓、阀门及三通、喷雾器、过滤器等的型号，设置位置及数量，净化水幕设置位置。

（4）井下用水点分布。

（5）井下管路系统管材及管径。

（6）减压（增压）设备（设施）及装置。

（7）井下巷道及硐室名称。

2. 井下消防洒水管路系统图的用途

（1）反映矿井井下消防洒水管路系统现状和供水能力，为矿井后续开拓开采规划提供技术资料。

（2）随着矿井巷道的掘进、采区和采面位置的变化，利用井下消防洒水管路系统图可合理地调配生产用水和防尘、消防用水。

（3）分析井下供水管路系统布置的科学性和合理性，以便调整系统，提高其运行的经济性和安全性。

（4）根据井下消防洒水管路系统图，可合理安排井下清洗巷道、清扫落尘等防尘工作。

（5）矿井一旦发生火灾，可依据井下消防洒水管路系统图及时迅速地制定和实施直接灭火方案，为扑灭火灾、抢险救灾赢得时间。

二、灌浆管路系统图

1. 概述

目前，我国生产矿井中有近一半多的矿井开采煤层具有自然发火性。矿井火灾事故中内因火灾数占矿井总火灾数的70%～90%，因此，矿井内因火灾防治工作十分艰巨。防治矿井内因火灾最常用、最有效的方法是灌浆。灌浆就是把黏土或粉碎的页岩、电厂粉煤灰等固体材料与水按适当比例混合，制成一定浓度的泥浆，借助输浆管路送往可能发生自燃火灾的地点进行注入或喷洒，以达到防火和灭火的目的。

灌浆管路系统图是表示矿井灌浆防灭火管路布置及有关技术参数的图件，是具有自然发火煤层矿井灌浆防灭火工程设计、施工、管理中的主要图纸。图1-2为某矿井黄泥灌浆管路系统工程平面图。其主要内容包括以下6点：

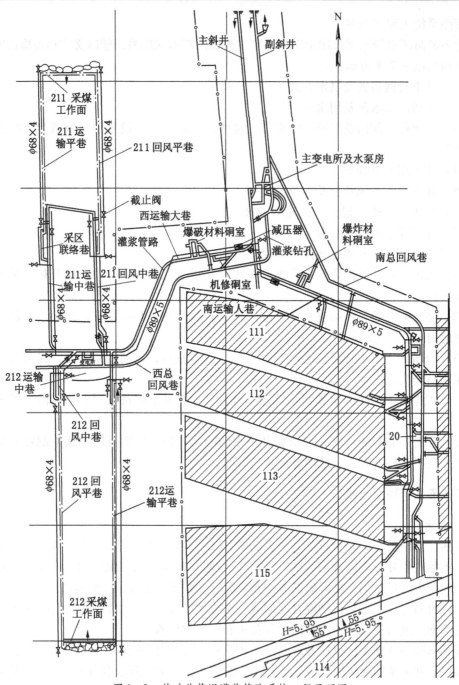

图 1-2 某矿井黄泥灌浆管路系统工程平面图

（1）灌浆系统类别及制浆方法。

（2）输浆管路布置。

（3）灌浆方法。

（4）灌浆管路系统管材及管径。

（5）灌浆系统输浆量及倍线值。

（6）井巷名称等。

2. 灌浆管路系统图的用途

（1）反映矿井灌浆防灭火管路系统布置状况和灌浆能力，是矿井开拓开采规划、生产设计的基础技术资料。

（2）反映矿井生产与灌浆防灭火的相互关系，是矿井安全生产管理中常用的图纸，用于指导生产。

（3）根据矿井自然发火预测预报，利用灌浆管路系统图，制定和实施切实可行的预防性防灭火灌浆方案。

（4）矿井一旦发生煤层自燃火灾，可利用灌浆管路系统图，迅速地制定和实施矿井灌浆灭火方案。

三、瓦斯抽采管路系统图

1. 概述

瓦斯是煤矿生产过程中从煤岩层中涌出的以甲烷为主的各种有害气体的总称。抽采瓦斯不仅可以降低采掘工作面的瓦斯涌出量，保证安全生产，也是防止煤与瓦斯突出的有效措施之一。同时，还可将涌出的瓦斯作为一种资源加以利用，变害为利。因此，瓦斯抽采是高瓦斯矿井、煤与瓦斯突出矿井防治瓦斯的根本途径。

瓦斯抽采管路系统图是表示矿井瓦斯抽放管路系统及其有关技术参数的图件，是高瓦斯、煤与瓦斯突出矿井瓦斯抽放工程设计、施工、管理中的主要图纸。图 1 - 3 为某矿瓦斯抽采管路系统平面图。其主要内容包括以下 7 点：

（1）瓦斯抽采管路布置。

（2）管材及管径。

（3）管路附属装置，如瓦斯流量计、放水器、阀门、测压嘴、三防装置、放空管等的设置。

（4）瓦斯抽采方法及抽采钻孔布置。

（5）瓦斯抽采泵站位置及瓦斯抽采泵的型号、台数。

（6）矿井瓦斯抽采量及抽采率。

（7）巷道名称。

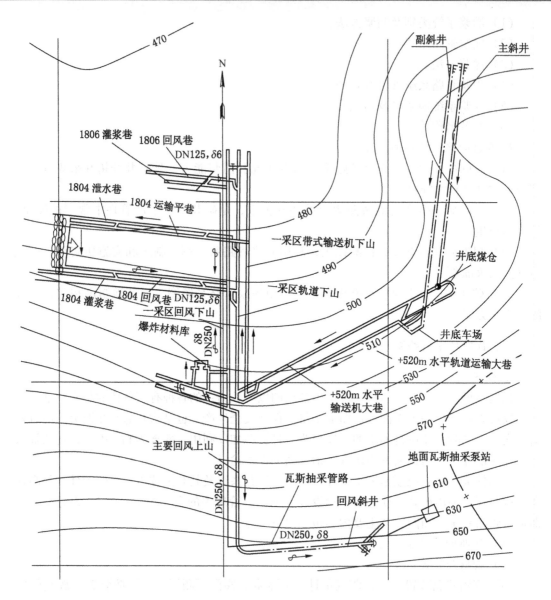

图 1-3　某矿瓦斯抽采管路系统平面图

2. 瓦斯抽采管路系统图的用途

（1）指导矿井瓦斯抽采日常工作，如安排开凿钻场、打钻，敷设瓦斯抽采管路，测压与调压，统计抽放量等。

（2）指导制定矿井预防煤与瓦斯突出方案。

（3）分析矿井瓦斯抽放效果，因地制宜地采取其他瓦斯防治措施。

（4）作为编制矿井采掘工程计划、矿井瓦斯利用计划及矿井安全监测系统方案的基础资料。

第二节　矿井安全管路系统图的识读

一、矿井安全管路系统图的分类

矿井安全管路系统图的分类方法和矿井通风系统图分类一样，按照绘制原理的不同，分为安全管路系统工程平面图、安全管路系统示意图和安全管路系统立体图3种。对于矿井消防洒水管路系统图、灌浆管路系统图、瓦斯抽采管路系统图，也相应地分为工程平面图、示意图和立体图。矿井安全管路系统工程平面图是目前矿井设计、建设和生产中最常用的图纸，是直接在矿井采掘工程平面图或矿井开拓方式平面图中，标注反映井下安全管路系统图图示内容的专用符号和有关技术参数而形成的图件。

二、矿井安全管路系统图的识读

1. 识读方法及要点

识读矿井安全管路系统图，首先应认真仔细地阅读图纸的图名、图号、比例，然后根据图样、图例、技术说明、表格，按以下顺序进行识读：

（1）识读矿井开拓开采巷道系统及采掘工作面的布置，如井口位置、开拓方式、井底车场、主要巷道布置、采区巷道布置、回采巷道布置等。对全矿井巷道的空间位置及相互连接建立一个系统的框架。对比较复杂的巷道系统，可借助有关图纸或文字资料对照识读。

（2）识读敷设安全管路的井筒及位置，井下主管、分管、支管的布置及连接关系。

（3）管路系统管材、管径及敷设长度。

（4）井下消防洒水管路系统图。识读供水方式（静压供水、动压供水）及供水水源，消火栓、阀门及三通、喷雾器、过滤器型号及设置位置和数量，净化水幕设置位置，井下用水点及分布，减压（增压）设备（设施）及装置。

（5）灌浆管路系统图。识读矿井灌浆系统类别（集中灌浆系统、分散灌浆系统），制浆材料及制浆方法，灌浆方法，灌浆系数及泥浆比，灌浆系统输浆能力及倍线值。

（6）瓦斯抽采管路系统图。识读矿井瓦斯抽采方法，管路附属装量，瓦斯抽采泵站位置及瓦斯抽采泵型号、台数，矿井瓦斯抽采量及抽放率。

2. 识读举例

【例1】图1-1为某矿井井下消防洒水系统工程平面图。矿井采用立井—斜井综合开拓，一个水平开拓全井田，一个盘区生产，一个盘区准备。井下消防洒水水源为处理后的井下排水。矿井井下消防用水量按10 L/s考虑，防尘最大用水量为10 L/s。井下消防洒水管路与生产用水管路合用，地面设两个200 m³静压供水蓄水池，采用静压供水方式，减压器减压。

管道沿副斜井敷设，井下管网呈树枝状分布。主、副井井底，主要机电硐室，爆炸材料发放硐室等设SN65型消火栓。消防洒水管网中，带式输送机巷每隔50 m设三通管和阀门，其他巷道每隔100 m设置三通管和阀门。装、转载点设定点喷雾装置，进、回风巷设净化水幕。采煤机喷雾器为引射式，掘进工作面为PV-5型组合喷雾器，固定点喷雾器为武安-Ⅳ型。地面管道为100×4水煤气管，井下主干管为114×6无缝钢管，支管为89×4、76×4、57×4和38×3无缝钢管，掘进工作面冲洗巷道用普通橡胶软管。

【例2】图1-2为某矿井黄泥灌浆管路系统工程平面图。矿井采用斜井单水平分区式开拓。可采煤层4层，煤层倾角为3°~5°，煤层厚度平均为1.5~2.6 m，平均间距为3~4 m。低瓦斯矿井，煤层容易自燃，发火期为3~6个月。主要运输大巷布置在最下部的4号煤层中，总回风巷布置在2号煤层中，大巷料石砌碹。南翼回收煤柱，西翼正规回采。采煤方法为倾斜长壁采煤法。矿井通风方式为中央并列式。

矿井黄泥灌浆系统为地面永久性集中灌浆系统。地面灌浆站设在井口南488 m处的陈家山山腰，人工采土，机械制浆。钻孔输浆下井，钻孔位于井田中央西运输大巷的开口处，钻孔深度为180.1 m，套管为95×8的无缝钢管。井下分别沿南运输大巷、西运输大巷敷设主管路，并设减压器、三通管及截止阀。南翼管路敷设至残采工作面及各密闭处，主要用于灭火。西翼管路直接敷设至采煤工作面，进行预防性灌浆。

灌浆方法为随采随灌和采后集中灌浆相结合的方法。灌浆系数为0.05，灌浆水土比为5:1~2:1，日灌浆量为16 m³/d，井下主管路、支管路均采用无缝钢管，管径分别为89×5、68×4，倍线长为5.1~12.4。

【例3】图1-3为某矿井瓦斯抽放管路系统平面工程平面图。矿井采用斜井单水平上下山开拓，矿井生产能力为0.9 Mt/a，开采水平+520 m，运输大巷和总回风巷均布置在煤层中。可采煤层一层，煤层倾角为0°~34°，煤层厚度为13.87~18.5 m，平均16.76 m。煤层瓦斯含量为8.7~10.42 m³/t，矿井相对瓦斯涌出量为16.3~31.5 m³/(t·d)，绝对涌出量为15.46~29.83 m³/min，属高瓦斯矿井，煤尘具有爆炸危险性，煤层容易自然发火。一个采区、一个工作面生产。采煤方法为走向长壁倾斜分层放顶煤采煤法。矿井通风方式为中央边界式，矿井通风方法为抽出式。

矿井瓦斯抽采系统为地面斜风井场地设矿井永久性集中瓦斯抽采泵站。瓦斯抽采管路沿斜风井敷设人井，主要回风上山、一采区回风下山布置瓦斯抽采主管路、工作面灌浆巷，煤层巷道掘进工作面设抽采支管路。

瓦斯抽采方法为本煤层未卸压和卸压综合抽采法，抽采工艺为钻孔抽采。

瓦斯抽采管道采用焊接钢管，主管为 250 × 8，支管为 150 × 6，抽放管路中安设放水器、流量计、测压装置等。

地面抽采泵站瓦斯泵为 Sk – 85 型水环式真空泵 2 台，1 台工作，1 台备用。地面管路系统设三防装置及放空管等。

三、矿井安全管路系统图的绘制

由于矿井安全管路系统工程平面图便于绘制，与煤矿其他图纸（多属平面工程图）的绘制原理及表示方法基本一致，易读易懂，便于应用，所以，在煤矿设计、建设和生产安全管理中被普遍采用。下面仅对矿井安全管路系统工程平面图的绘制方法作简单介绍。

矿井安全管路系统工程平面图的绘制方法与矿井通风系统工程平面图基本相同，其绘制方法与步骤如下：

（1）先复制矿井采掘工程平面图或矿井开拓方式平面图，删去与矿井安全管路系统无关的图示内容，保留坐标网、指北方向、煤层底板等高线、断层、采空区范围、巷道及采掘工作面等图示内容，作为底稿图样。

（2）根据确定的某种安全管路系统布置方案，用单线条表示管路，在复制的底稿图样巷道旁（巷道宽度较大时，可在巷道内绘制）绘制出主管道、分管道及支管道。

（3）用专用符号绘制出管路附属装置。管路的附属装置、设置的位置、技术性能均应满足技术要求。

（4）标注管径及长度尺寸。

（5）用文字说明或表格反映安全管路系统图中有关技术参数及绘制依据。

（6）当有些图示内容在系统图中反映不出或不详时，可采用局部放大详图。

（7）绘制图例。

（8）为使图面整洁美观，应对图样、表格、文字说明、图例等进行合理安排布局，线型粗细搭配得当，如管路用粗实线、巷道用较细实线、煤层底板等高线和尺寸线用细实线。

第三节 矿井安全监测系统图

一、概述

矿井安全监测系统是利用现代传感技术，信息传输技术，计算机信息处理、控制技术对煤矿井下瓦斯等环境参数进行实时采集、分析、存贮和超限控制的装置。矿井安全监测系统是人们认识煤矿自然灾害规律，预防矿井瓦斯、煤尘、火灾事故发生，增强矿井抗灾能力，改善煤矿井下作业环境，提高生产效益的重要的现代化技术手段，也是实现矿井电气化和自动化的必要条件。《煤矿安全规程》第四百八十七条规定，所有矿井必须装备安全监控系统，可见矿井安全监测系统在矿井安全生产中占有重要地位。

矿井安全监测系统图是表示矿井安全监测系统井下信息传输电缆、分站，各种传感器布置及有关技术参数的图件，是矿井安全监测系统工程设计、施工和管理的主要图纸。

矿井安全监测系统图图示的主要内容包括以下4个方面：

（1）传输电缆（信道）的敷设。

（2）井下分站、地面分站设置位置及其参数。

（3）井下、地面传感器种类及布置位置。

（4）地面监测中心站位置及设备配备。

二、矿井安全监测系统图的分类及用途

1. 矿井安全监测系统图的分类

矿井安全监测系统图按照绘制原理的不同，分为矿井安全监测系统工程平面图、矿井安全监测系统示意图和矿井安全监测系统立体示意图3种。其中，矿井安全监测系统工程平面图是目前矿井设计、建设和生产中最常用的图纸，是直接在矿井采掘工程平面图或矿井开拓方式平面图中，由标注反映矿井安全监测系统图图示内容的专用符号和有关技术参数形成的图件。图1-4为某矿井安全监测系统工程平面图。

2. 矿井安全监测系统图的用途

矿井安全监测系统主要用于监测矿井井下瓦斯、风速、一氧化碳、风压、温度等环境参数，还可用于矿井生产监视、监控和监测。如井下风门开关、设备开停和煤仓煤位、水仓水位、输送带跑偏、称重、电力参数等。矿井安全监测系统图的主要用途如下：

（1）分析矿井井下监测系统信号传输电缆、井下分站、传感器布置的合理性，发现问题及时处理。

（2）指导矿井日常瓦斯等参数的监测工作。如随着采掘工作面位置的变动，传感器

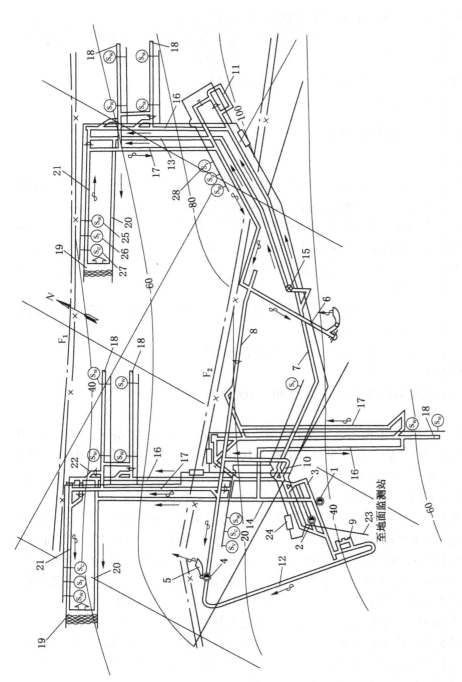

图 1—4 某矿井安全监测系统工程平面图

1—主井；2—副井；3—井底车场；4—中央回风井；5—轴流式通风机；6—东回风斜井；7—水平大巷；8—总回风巷；9—爆炸材料库；10—东电硐室；11—泵房；12—西—回风上山；13、14—西回风上山；15—煤仓；16—采区进风上（下）山；17—采区回风上（下）山；18—回风上（下）山；19—采煤工作面；20—采煤工作面运输巷；21—工作面回风巷；22—中部车场；23—采区回风（监测）；24—井下分站；25—瓦斯传感器；26—温度传感器；27—氧化碳传感器；28—风速传感器位置的调整、传感器的增减、井下分站位置的调整及增设等。

（3）了解井下作业场所瓦斯等有害气体浓度，分析其涌出量及其规律，掌握整个矿井瓦斯等有害气体的涌出情况，制定有效的防治瓦斯等有害气体措施的基础资料。

（4）评价矿井抗灾能力强弱及现代化管理水平的高低。

（5）用于矿井瓦斯管理。

三、矿井安全监测系统图的识读

1. 识读方法及要点

识读矿井安全监测系统图，首先应认真仔细地阅读图纸的图名、图号、比例，然后根据图样表示内容、图例、技术说明、表格，按以下顺序进行识读：

（1）识读矿井开拓开采巷道系统及采掘工作面的布置，如井口位置、开拓方式、井底车场、主要巷道、采区巷道、回采巷道的布置及井下主要机电硐室布置等。为整个矿井巷道的空间位置及相互关系建立一个系统的框架。当井下巷道系统较复杂时，可借助有关图纸或文字资料对照识读。

（2）识读矿井安全监测系统地面监测站布置位置、主要设备配置，敷设信号传输电缆的井筒及位置，井下电缆的敷设及型号。

（3）分站设置位置、监测范围、配备的传感器及功能。

（4）各种传感器安设位置。

（5）瓦斯监测点甲烷传感器的报警、断电、复电浓度和断电范围。

2. 识读举例

图 1-4 为某矿井安全监测系统工程平面图。矿井采用立井单水平分区式开拓，矿井瓦斯相对涌出量为 18 $m^3/(t \cdot d)$，绝对涌出量为 16.5 m^3/min，煤层容易自然发火，煤尘具有爆炸危险性。矿井两个采区生产，一个采区准备，每个生产采区布置一个采煤工作面生产。矿井通风方式为中央分列式和对角式混合通风。矿井通风方法为抽出式。

矿井安全监测系统地面监测中心站设在矿井综合办公楼内，距副立井井口 210 m，矿井安全监测系统采用 KJ90 型煤矿综合监控系统。地面中心站由主计算机 PⅢ 工控机、网络远程终端 586/PⅡ机、KG9010 型数据传输接口、HUB 网络集成器及网路中继器等组成。系统软件是以 Windows 98 为平台，集安全、生产监控和网络管理为一体的综合性软件。矿井安全监测系统主要监测井下瓦斯、一氧化碳、温度、风速等环境参数。

井下设 4 个 KFD-2 型分站，分别布置于井底车场、3 个采区。每个分站输入量 16 路，其中模拟量 8 路、开关量 8 路，控制输出 8 路。传感器 25 个，分布于采煤工作面、掘进工作面和总回风巷。其中 KG9701 型瓦斯传感器 16 个，KG9201 型一氧化碳 4 个，KG9321 型温度传感器 2 个，CW-1 型风速传感器 3 个。

传输电缆沿副立井敷设入井，经水平运输大巷、轨道上山送至各测点。井筒传输电缆型号为 PUYVRP39 - 11 × 4 × 1.38，主传输电缆为 PUYVRP1 × 4 × 1.0，模拟量传感器电缆为 PUYVRP1 × 4 × 7/0.52，控制电缆为 PUYVR1 × 2 × 7/0.28。

四、矿井安全监测系统图的绘制

矿井安全监测系统工程平面图与各种矿井安全管路系统工程图一样，在煤矿设计、建设和生产安全管理中被普遍地采用。因此，仅对矿井安全监测系统工程平面图的绘制方法作介绍。

矿井安全监测系统工程平面图的绘制方法与矿井通风系统工程平面图基本相同，其绘制方法与步骤如下：

（1）先复制矿井采掘工程平面图或矿井开拓方式平面图，删去与矿井安全监测系统工程平面图无关的图示内容。

（2）按确定的监测传输电缆布置方案，用单线条表示信号传输电缆，绘制在巷道旁。

（3）用专用符号绘制出井下分站、各种传感器。

（4）用文字说明或表格反映矿井安全监测系统工程平面图中有关技术参数及绘制的依据。

（5）绘制图例。

第四节　井下避灾路线图

一、概述

井工开采煤矿时，由于井下自然条件复杂，人们对瓦斯、火、水、顶板等灾害客观规律的认识不足，加之麻痹大意和违章指挥与操作，加大了造成发生某些灾害的可能性。据分析，在多数情况下，煤矿井工事故发生比较突出，而且重大事故还具有灾难性和继发性。因此，矿井一旦发生灾害，在矿山专业救护队难以及时到达现场抢救时、井下受灾人员在无法进行抢救和控制事故的情况下，应选择安全路线迅速撤离危害区域，沿着避灾路线从安全出口至地面。避灾是减少井下工作人员伤亡损失的重要环节，因而井下工作人员必须熟悉避灾路线。《煤矿安全规程》第九条规定，煤矿企业必须编制年度灾害预防和处理计划，并根据具体情况及时修改。每年必须至少组织一次矿井救灾演习。

井下避灾路线是矿井年度灾害预防和处理计划的主要内容之一。井下避灾路线图是表示矿井发生灾害时，井下人员安全撤离灾区至地面的路线图纸，是矿井安全生产必备图纸。

井下避灾路线图图示的主要内容包括以下 5 点：

（1）矿井安全出口位置。

（2）矿井通风网络进风风流、回风风流的方向、路线。

（3）井下发生瓦斯、煤尘爆炸，煤（岩）与瓦斯突出，矿井火灾时井下避灾路线。

（4）井下发生水灾时避灾路线。

（5）矿井巷道名称。

二、井下避灾路线图的分类及用途

1. 井下避灾路线图的分类

井下避灾路线图分为井下避灾路线工程平面图、井下避灾路线示意图和井下避灾路线立体示意图 3 种。在矿井安全生产管理中，最常用的是井下避灾路线工程平面图。图 1 - 5 为某矿井下避灾路线工程平面图。

2. 井下避灾路线图的用途

（1）用于井下职工安全基本知识培训，使职工熟悉井下避灾路线，具备一定的防灾抗灾能力。

（2）部署、指导和实施矿井救灾演习工作。

（3）矿井一旦发生灾害，井下灾区工作人员可根据事故性质、所处位置，按照井下避灾路线图规定的路线安全而迅速地撤离灾区至地面，减少事故人员伤亡。

（4）井下发生灾害后，制定和实施营救井下被围人员方案的重要依据之一。

三、井下避灾路线图的识读

1. 识读方法及要点

识读井下避灾路线图，首先应仔细地阅读图名、图号、比例，然后根据图样表示内容、图例、技术说明，按以下顺序进行识读：

（1）识读矿井开拓开采巷道系统及采掘工作面的布置。为整个矿井巷道的空间位置及相互连接建立一个系统的框架。当井下巷道系统较复杂、看不清时，可借助有关图纸或文字资料对照识读。

（2）识读矿井进风巷道、回风巷道系统，即新鲜风流、污浊风流流动的方向及路线。

（3）识读采掘工作面、采区、水平及矿井安全出口的位置及相互联系。

（4）识读井下采掘工作面发生瓦斯、煤尘爆炸，煤（岩）与瓦斯突出、火灾时的避灾路线。由于井下采掘工作面是上述事故的高发点，因此，避灾路线起始位置为采掘工作面，终点为地面。

（5）识读井下采掘工作面发生突水事故时的避灾路线。

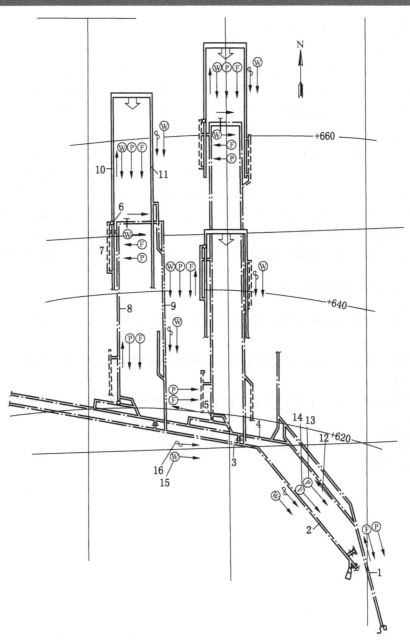

1—平硐；2—风井；3—总回风巷；4—运输大巷；5—采区车场及煤仓；6—溜煤眼；7—行人进风斜巷；8—岩石集中运输巷；9—岩石集中回风巷；10—运输巷；11—回风巷门；12—新鲜风流方向；13—瓦斯、煤尘爆炸时避灾路线；14—火灾时避灾路线；15—水灾时避灾路线；16—污浊风流方向

图1-5 某矿井下避灾路线工程平面图

（6）识读井下安全设施名称及位置。

2. 识读举例

图 1-5 为某矿井井下避灾路线工程平面图。矿井采用平硐开拓，设专用回风斜井。井田划分带区开采，运输大巷、总回风巷、条带集中运输巷、集中回风巷均布置在煤层底板中。矿井布置 3 个倾斜长壁采煤工作面。矿井通风方式为中央并列式。

采煤工作面发生瓦斯爆炸、煤尘爆炸、火灾事故的避灾路线为：采煤工作面—工作面运输巷—行人进风斜巷—岩石集中运输巷—运输大巷—平硐—地面。事故区回风流中的人员应就近迅速通过调节风窗（门）进入进风巷道，然后再撤到地面。掘进工作面和其他地区的人员在发生事故时，应迎着新鲜风流方向迅速撤到地面。

采煤工作面发生水灾事故的避灾路线为：采煤工作面—工作面运输巷（工作面回风巷）—行人进风斜巷（行人回风斜巷）—岩石集中运输巷（岩石集中回风巷）—总回风巷—斜风井—地面。掘进工作面和其他地区的人员应迅速通过总回风巷、斜风井撤至地面。

四、井下避灾路线图的绘制

基于井下避灾路线工程平面图的广泛使用和绘制方法较简单，仅对其绘制方法做以简述。

井下避灾路线工程平面图的绘制方法与矿井通风系统工程平面图基本相同，其绘制方法与步骤如下：

（1）先复制矿井采掘工程平面图或矿井开拓方式平面图，删去与井下避灾路线图无关的图示内容。

（2）在巷道旁绘制避灾路线专用符号。

（3）绘制图例。

第二章 矿井通风技术测定

第一节 矿井通风阻力测定

一、矿井通风阻力测定的目的与基本内容

1. 测定目的

《煤矿安全规程》第一百一十九条规定，新井投产前必须进行 1 次矿井通风阻力测定，以后每 3 年至少进行 1 次。矿井转入新水平生产或改变一翼通风系统后，必须重新进行矿井通风阻力测定。

矿井通风阻力大小及其分布是否合理，直接影响主要通风机的工作状态和井下采掘工作面的风量分配，也是评价矿井通风系统和通风管理优劣的主要指标之一。测定矿井通风阻力是做好生产矿井通风管理工作的基础，也是掌握生产矿井通风情况的重要手段，其主要目的有以下 3 点：

（1）掌握矿井通风阻力的分布情况，为改善矿井通风系统、减少通风阻力、降低矿井通风机的能耗及为采用均压技术防灭火等提供依据。

（2）为通风设计和通风技术管理提供资料。

（3）为发生事故时选择风流控制方法提供必要的参数。

2. 测定基本内容

（1）计算风阻。

（2）计算摩擦阻力系数，供通风设计参考时使用。

（3）测定矿井通风阻力，了解分布情况。

二、测定前的准备工作

1. 明确测定目的，制订具体的测定方案

首先要明确阻力测定需要获得的资料及要解决的问题，如某矿阻力大、矿井风量不足。想了解其阻力分布，则需要对矿井通风系统的关键阻力路线进行测定；如想要获得某类支护巷道的阻力系数，只需测定局部地点。

测定方案包括测定方法的选择、测定路线的选取，以及测定人员、测定时间的安排等。

2. 选择测定路线和布置测点

需要对矿井的通风系统有全面的了解，画出通风系统图和通风网络图。

1）选择测定路线

参照矿井通风系统图，如果是测定矿井通风阻力，就必须选择矿井通风中的最关键阻力路线，也就是最大阻力路线。在矿井通风系统中，其最大阻力路线是指从进风井口经过用风地点到回风井口的所有风流路线中没有安设增阻设施的一条风流路线。它能较全面地反映矿井通风阻力分布情况，只有降低这条关键路线上的通风阻力才能降低整个矿井的通风阻力。

在测定路线上，如果有个别区段风量不大或人员携带仪器不好通过时，可采用风流短路或采用一条其他并联风路进行测量。

如果是测定局部区段的通风阻力，只在该区段内选择测定路线。

2）布置测点

（1）在风流的分岔点或汇合点必须布置测点。在流出分风点或合风点的风流中布置测点时，测点距分风点或合风点的距离不得小于巷道宽度的 12 倍；在流入分风点或合风点的风流中布置测点时，测点距分风点或合风点的距离不得小于巷道宽度的 3 倍。

（2）在并联风路中，只沿着一条路线测量风压，其他风路只布置测风点，测算风量，再根据相同的风压来计算各巷道的风阻。

（3）测点应尽量不靠近井筒和主要风门，以减少井筒提升和风门开启的影响。

（4）测点间距一般在 200 m 左右，两点间的压差应不小于 10～20 Pa，但也不能大于仪器的量程。如巷道长且漏风大时，测点的间距宜尽量缩短，以便逐步追查漏风情况。

（5）测点应设在安全状况良好的地段。测点前后 3 m 支架完好，没有空顶、空帮、不平或堆积物等。

（6）测点应顺风流流向依次编号并标明。为了减少正式测定时的工作量，可提前将测点间距、巷道断面面积测出，并按测量图纸确定标高。

（7）测定某段的摩擦阻力系数时，要求该段巷道方向不变，且没有分岔；巷道断面形状不变，不存在扩大或缩小；支护类型不变。

（8）待测路线和测点位置选定好后，绘制出测定路线图，并将测点位置、间距、标高和编号注入图中。

3）下井考察

沿选择好的测定路线下井进行实地考察，以保证测定工作顺利进行。观察通风系统有无变化、分岔点和漏风点有无遗漏、测量路线上人员是否能安全通过以及沿程巷道的支护状况等，并对各测段巷道状况、支护变化和局部阻力物分布情况做好记录。

3. 测量仪器和工具的准备

采用倾斜压差计测量需要的仪器包括压差计 2 台，U 形水柱计 1 个，静压管 2 个，直径 3~4 mm 的胶皮管长度约 300 m，胶皮管接头若干个，打气筒 1 个（防止胶管堵塞用），空盒气压计 1 台，干、湿温度计各 1 支，高、中、低速风表各 1 块，秒表 1 块，5~10 m 皮尺 1 个。

测量所需要的各种仪器使用前都必须进行校正。

4. 人员配备与分工

根据测定方法和测定范围的大小配备人员，按照工作性质组织分工。如测压组、大气参数观测组、巷道参数观测组、地面观测组等，每组 2~3 人。

5. 准备好记录与表格

所用记录表格见表 2-1~表 2-8。

表2-1　大气参数记录表

测点序号	干温度/℃	湿温度/℃	干湿温度差/℃	相对湿度/%	大气压力/Pa	空气密度/(kg·m^{-3})	备 注

表2-2　巷道参数记录表

测点序号	巷道名称	巷道形状	支架类型	巷道规格						测点距离/m	累计长度/m	测点标高/m
				上宽/m	下宽/m	高/m	斜高/m	断面/m	周界/m			

表 2-3 风 速 测 定 记 录 表

测点序号	表速/(m·s⁻¹)				校正风速/(m·s⁻¹)	备　注
	第一次	第二次	第三次	平　均		

表 2-4 风 压 测 定 记 录 表

测点序号	压差计读数/Pa				仪器的校正系数	测点间势能差/Pa	备　注
	第一次	第二次	第三次	平　均			

表 2-5 风量及通风阻力计算表

测点序号	巷道名称	断面积/m²	风速/(m·s⁻¹)	风量/(m³·s⁻¹)	空气密度/(kg·m³)	动压/Pa	压差计读数/Pa	动压差/Pa	阻力消耗/Pa	累计阻力/Pa	测点距离/m	累计长度/m	备注

表 2-6　风阻与摩擦阻力系数计算表

测点序号	巷道名称	巷道形状	支架类型	阻力消耗/Pa	风量/(m³·s⁻¹)	风量平方	区段巷道风阻/(kg·m⁻⁷)	空气密度/(kg·m⁻³)	标准风阻/(kg·m⁻⁷)	测点距离/m	周界长/m	断面积/m²	摩擦阻力系数/(kg·m⁻³)	备注

表 2-7　用气压计法测量压差计算表

测点代号	测点静压差/Pa		始点气压校正值/Pa	末点气压校正值/Pa	静压差/Pa
	始　点	末　点			

表 2-8　用气压计法测定通风阻力计算表

测点代号	两点间位压差/Pa	静压差/Pa	速压差/Pa	通风阻力/Pa

6. 数据处理

测定数据的整理是矿井通风阻力测定工作的中心环节，工作量大，任务重，因此要先弄清各测量参数之间的关系。各主要参数的计算公式分述如下。

（1）巷道断面积计算。

三心拱巷道断面面积　　　　　　　　$S = B(H - 0.07B)$

半圆拱巷道断面面积　　　　　　　　$S = B(H - 0.11B)$

不规则巷道断面面积 $\qquad S = 0.85BH$

矩形或梯形巷道断面面积 $\qquad S = BH$

式中　S——巷道断面面积，m^2；

　　　B——巷道宽度或两壁腰线间的长度，m；

　　　H——巷道全高，m。

（2）井巷内风量、风速计算。

$$Q = Sv$$

$$v = \frac{S - 0.4}{S} \times (av_{表} + b)$$

式中　　Q——巷道内通过的风量，m^3/s；

　　　　S——巷道断面面积，m；

　　　　v——巷道平均风速，m/s；

　　　　$v_{表}$——表风速，m/s；

　　　a、b——风表校正系数。

（3）井巷内空气密度计算。矿井内空气湿度一般较大，密度变化范围小，可用近似公式计算，即

$$\rho = 0.00345 \times \frac{p}{273.15 + t}$$

式中　ρ——测点处空气的密度，kg/m^3；

　　　p——测点处空气的绝对静压，Pa；

　　　t——测点处空气的干温度，℃。

（4）井巷断面的速压计算。

$$h = \frac{1}{2}\rho v^2$$

式中　h——巷道断面的速压，Pa；

　　　ρ——巷道断面的空气密度，kg/m^3；

　　　v——巷道断面的平均风速，m/s。

三、矿井通风阻力测定方法

矿井通风阻力测定主要有两种测定方法：一是倾斜压差计测定法，二是气压计测定法。

1. 倾斜压差计测定法

1）测阻原理

此法是用倾斜压差计作为显示压差的仪器，传递压力用内径为 3 ~ 4 mm 的胶皮管，接受压力的仪器是静压管。仪器布置如图 2 – 1 所示。

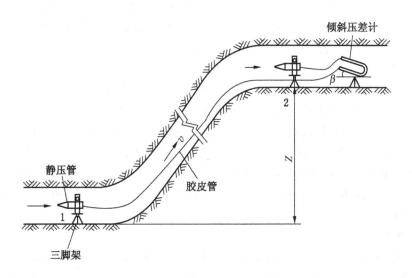

图 2 – 1　倾斜压差计法测定布置示意图

根据能量方程式，1、2 两断面之间的通风阻力为

$$h_{(1,2)} = (p_1 - p_2) + (0 - Z\rho_{1-2}g) + \left(\frac{1}{2}\rho_1 v_1^2 - \frac{1}{2}\rho_2 v_2^2\right)$$

因为倾斜压差计的读数　$h_{L(1,2)} = (p_1 - p_2) - Zg\rho_{1-2}$

所以

$$h_{(1,2)} = h_{L(1,2)} + h_{V(1,2)}$$

即 1、2 两断面之间的通风阻力为倾斜压差计的读数与两断面的动压之差的和。

2）测量操作步骤

测量时人员可分为铺设胶皮管、测压和其他参数测量（风速、大气参数、井巷参数）3 个小组。

铺设胶皮管小组的任务是在两测点间铺设胶皮管，并在其中的一个（不安设仪器的）测点安设静压管。

测压小组的任务是安装压差计和仪器附近的静压管，并把来自两个测点的胶皮管与仪器连接起来，读数并做记录。

其他参数测量小组的任务是测量测段长度、测点的断面积、平均风速和大气参数。

测点顺序一般是从进风到回风逐段进行，人员多时可分多组在一条线上同时进行测量。

测定时的具体操作步骤有以下 3 点：

（1）铺设胶皮管组的 1 人在第 1 测点架设静压管并在此待命，该组其余人员沿测定路线铺设胶皮管至第 2 测点，并在此等候。测压组的人在第 2 测点架设静压管，并在下风侧处安设连接压差计，读压差计读数，将结果记录于表 2－4 中，完成 1～2 测段的测量后，通知收胶皮管。

（2）与此同时，其他参数测量小组立即进入测点，测量测点的动压、巷道断面尺寸、干湿球温度、气压及测点间距，并分别记录在表 2－1、表 2－2、表 2－3 中。

（3）第 1 测点待命者收胶皮管至第 2 测点，而后顺风流方向沿测定路线铺设胶皮管，同时一并将三角架、静压管移至第 3 测点，按上述相同方法完成 2～3 测段的测量。然后将第 2 测点的仪器、工具等移至第 4 测点，以此类推，循序进行，直到测完为止。

若要了解通风系统的阻力分布，则完成系统阻力测定的时间越短越好，以避免系统的通风参数发生变化，不便校核测定结果。

3）注意事项

（1）静压管应安放在无涡流的地方，其尖端正对风流，防止感受动压。

（2）胶皮管之间的接头应严密、不漏气，胶皮管应铺设在不被人、车、物料挤压的地方，并防止打折和堵塞；拆除后的胶皮管管头应打结，防止水及其他污物进入管内。测量时应注意保护胶皮管，不使管中进水或进其他物质；当胶皮管内外空气温度不同时，可用气筒换气的方法使管内、外空气温度一致，然后才能测量。

（3）仪器的安设以调平容易，测定安全，不增大测段阻力和不影响人通行、运输为原则。可安设在测段的下风侧风流稳定的断面上，也可以安设在上风侧 8～12 m 处；对于断面大的倾斜巷道，仪器可安设在测段中间，但不要集聚过多的人，以免增大测段阻力。仪器附近巷道的支护应完好，保证人员安全。

（4）使用单管压差计时，上风侧的测点引来的胶皮管应接在“＋”端上，下风侧的胶皮管应接在“－”端上。

（5）仪器开关打开，液面稳定后即可读数；如果液面波动较大，可在 20 s 内连续读几个数字，求其平均值，同时记下波动范围。数值读取后，应与预估计值进行比较，判断读数的可行程度。若出现异常现象，必须查明原因，排除故障，重新测定。

（6）可能出现的异常现象及其原因有 3 点：①无读数或读数偏小。若仪器漏气，应检修仪器；若仪器完好，可能是压差计附近的胶皮管（或接头）漏气，则应检查更换；若是胶皮管内因积水、污物进入，打折而堵塞，则应用气筒打气或解折。②读数偏大。若胶皮管上风侧被挤压，则应检查故障点，排除即可。③读数出现负值。出现该种情况有 2 点原因：一是仪器的“＋”“－”端接反，换接一下即可；二是下风侧测点的断面积大于上风侧的断面积（风速小于上风侧），而两测点间的通风阻力又很小。出现这种情况时应将两根胶皮管换接，并在记录的读数前加"－"号。

（7）测压与测风应保持同步进行。

（8）在测定通风系统阻力期间，风机房水柱计读数应每隔 20 min 记录一次。

4）计算整理资料

测量资料的整理与计算是通风阻力测定工作的最后，也是最重要的一项工作。如果计算和整理数据时，公式和参数选取不当，那么即使测量数据再精确，仍然会导致错误结论。

资料的整理与计算主要有两方面内容：一是数据处理与计算；二是矿井通风阻力测定总结报告。

数据处理与计算是根据测量获得的原始资料数据，按有关栏的要求，再根据相应的计算公式加以整理和计算，然后填写到表中。

矿井通风阻力测定总结报告主要内容有 5 点：①通风系统概述；②阻力测量目的；③测量路线与测点布置；④数据整理与计算，并填写到有关表格中；⑤测量结果分析与建议。

倾斜压差计测定法的优点是精度高，可测量压降小的巷道阻力，且数据处理与计算简单，只要测量区段能铺设胶皮管，均可采用这种方法。但本方法测量工作比较繁琐，工作量较大。

2. 气压计测定法

1）测阻原理

利用气压计能直接读出该点的静压值，同时测定该点的干、湿温度，巷道的风速，巷道断面，再移到下一个测点进行测量，从而根据公式计算出两点间的通风阻力。

2）测量仪器、仪表的准备

（1）井下每组准备中、微速风表各 1 块，JFY 型矿井通风参数检测仪 1 台，5 m 皮尺 1 个，1.5 m 高木板条尺杆 1 根。

（2）井上、下每组各准备秒表 1 块，手表 1 块，风扇式干湿表 1 个。

（3）记录表格、圆珠笔若干。

（4）副井留 1 台检测仪，用于基点测量。

所有仪器设备使用前都必须进行校准，合格后方可使用。

3）测定步骤

（1）把校准过的精密气压计和其他仪器按人员分工各负其责，带到进风井口，将气压计置于同一水平面上，开机后约 20 min 即可同时读取大气压值，随之将其按键拨到压差挡，同时按下记忆开关。以后基点气压计每隔 5 min 读一次压差值，并记录（整个测定过程中不再改变记忆键）。主要是检测大气压力变化值，以消除地面气压变化对仪器读数的影响；随身携带下井的气压计亦将其按键拨到压差挡，并按下记忆开关。

（2）到井下第1个测点时，先开动风扇式湿度计，过5 min读取湿度计干、湿温度，同时测定测点前后巷道风速和断面尺寸，气压计稳定后可读数，并记录读数时间，记录所有测定数据和巷道断面形状与支护方式，并描绘实测节点及所有与此节点相邻的进、出节点的关系素描图。

（3）前进到下一测点时，测定上述所有数据，依此类推。

4）数据处理

各主要参数的计算公式前面已经给出，把测得的各种参数代入相应的计算公式，填入表2-7、表2-8中就能得到矿井的通风阻力。

第二节　通风机性能试验

矿井新购置的通风机，其特性曲线是厂方根据通风机设计模型试验获得的，实际运行的通风机都安装扩散器。由于通风机安装质量和磨损的原因，通风机的实际运转性能和厂方提供的通风机的特性曲线并不相同，因此，为了更好地利用通风机，《煤矿安全规程》第一百五十八条规定，新安装的主要通风机投入使用前必须进行1次通风机性能测定和试运转工作，以后每5年至少进行1次性能测定。

通风机的性能试验的内容是测量通风机通过的风量、风压、输入功率和转数，计算通风机的效率，然后绘制通风机实际运转的特性曲线。

因为抽出式通风矿井是通风机的静压克服全矿井通风阻力，压入式通风矿井是通风机的全压克服全矿井通风阻力，所以，抽出式通风矿井一般测算通风机的静压特性曲线、输入功率和静压效率；压入式通风矿井一般测算通风机的全压特性曲线、输入功率和全压效率曲线。

主要通风机的性能试验一般安排在节假日矿井停产检修时进行，根据矿井具体情况，采用打开防爆门短路或带上井下通风网络进行通风机的工况调节。为测量风机风量和风压，应选择风硐内风流稳定区域，以使测出的数据准确可靠。

一、通风机的性能试验布置和参数测定

对于生产矿井，主要通风机的性能试验是利用通风机的风硐进行实验，其试验布置如图2-2所示。在断面Ⅰ-Ⅰ处设框架，用木板来调节通风机的工况；在断面Ⅱ-Ⅱ处设静压管，测量该断面的相对静压；用风表在断面Ⅱ-Ⅱ之后测量风硐的平均风速，或在断面Ⅲ-Ⅲ的圆锥形扩散器的环行空间用皮托管和微压计测量风速。

1. 通风机工况调节的位置和方法

进行通风机性能试验时，逐点改变通风阻力（改变通风机的风量）。测定通风机相应点的风压、输入功率，并计算效率，这种改变通风机阻力的过程叫通风机的工况调节。通风机的工况调节地点一般设在与回风井交接处的风硐内（图 2-2 所示的断面 Ⅰ-Ⅰ处），条件不许可时，也可以设在井下总回风道内或利用井口，即在防爆门和风硐闸门进行工况调节。其方法是在调节地点的风硐内事先安设稳固的框架（框架采用木料或工字钢），靠通风机的负压将木板吸附在框架上，缩小或增大框架通风面积以改变通风阻力（图 2-2），框架必须牢固、结实，安装时必须插入巷道，深度不小于 150 mm。木板应有足够的强度，备有多种规格，以备使用。

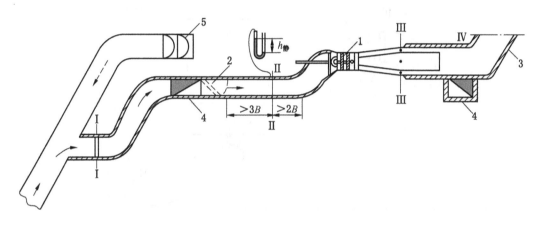

1—通风机；2—风硐；3—扩散器；4—反风绕道；5—防爆门

图 2-2　通风机性能试验布置

调节工况点的数目不应少于 8～10 个，以保证测得的特性曲线光滑、连续。在轴流式通风机风压蓝线的"驼峰"区，测点应密些；在稳定区，测点可以疏些。启动通风机时，离心式通风机采用"闭启动"；轴流式通风机采用"开启动"。

2. 静压的测定

测定静压的位置在通风机入口前的稳定风流的直线段（图 2-2 的断面 Ⅱ-Ⅱ处）。为了测出断面 Ⅱ-Ⅱ处的平均相对静压，可在风硐内设十字形连通管，在连通管上均匀设置静压管，然后将总管连接在压差计上。

3. 风速的测定

（1）用风表在工况调节处与通风机入口之间的风流稳定区测量风硐内的平均风速，并计算通风机的风量。例如，可在图 2-2 中的断面 Ⅱ-Ⅱ附近测量风速。

（2）用皮托管和微压计测量风流速压，然后换算成平均风速，并计算风量。皮托管可安装在测量静压的断面Ⅱ–Ⅱ处，也可以安装在通风机圆锥形扩散器的环行空间（图2–3）。为了使测量数据准确可靠，在测量断面上按等面积布置多根皮托管。安装时将皮托管固定牢靠，使皮托管的头部正对风流方向，如微压计台数足够时，每支皮托管配一台微压计，连接方法如图2–3所示，然后求速压的算术平均值。如微压计台数不足时，可采用几支皮托管并联于一台微压计上，对测量结果影响不大。

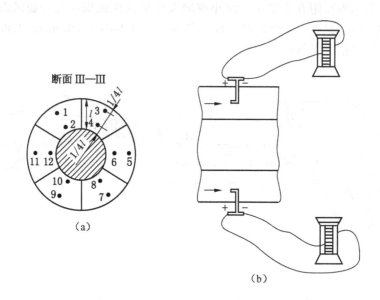

图2–3　测速压时皮托管的布置

4. 电动机功率及效率的测定

电动机输入功率可用两个单相瓦特表或一个三相瓦特表来测量，也可采用电压表、电流表和功率因数表测量。电动机的效率可根据制造厂家提供的曲线选取，使用较久的电动机可采用间接方法即耗损法测定。

5. 通风机与电动机转数的测定

通风机与电动机转数可用转数表测定。通风机与电动机直接联动时，应测定电动机的转数。如果用带轮联动，应分别测定通风机和电动机的转数。

6. 空气密度的测定

用空盒气压计或数字式气压计测量风流的绝对静压，用干湿温度计测量风流的干、湿温度，根据大气压力和干、湿温度读数计算空气的密度。

二、通风机的性能试验测定方法

1. 通风机的性能试验准备工作

1）制订通风机性能试验方案

首先了解矿井通风系统，对回风井、风硐、通风机设备及周围环境做周密的调查，根据矿井实际情况，确定合理可行的性能试验方案。确定工况点调节位置及通风机压力、风量、转数、空气密度等参数的测定位置和方法。必要时还要测定通风机停风时，井下各地点的压力变化和有害气体涌出情况。

2）测量仪器仪表、工具和测量表格

通风机性能试验所需要的仪表和工具见表2-9。所用的仪器仪表须经过校正，要求测量人员能够正确熟练使用。测量记录表格见表2-10~表2-18。

表2-9 通风机性能试验所需要的仪表和工具

序号	名 称	规 格	数 量	用 途	说 明
1	风 表	高速、中速、低速	各1块	在风硐内测量风速	附校正曲线
2	秒 表	普通	2块	配合风表测风	
3	垂直水柱计	0~400 mm	1只	测量通风机的静压	
4	微压计	DJM9、Y61	1~6只	在风硐或圆锥形扩散器测量速压	具体方案根据试验方案确定
5	皮托管	500 mm	12只以上	配合压差计测量速压	
6	胶皮管	内径4 mm	若干	传递压力	
7	三通接头	外径4~5 mm	若干	连接胶皮管	
8	瓦特表	三相或单相	1~2只	测量电动机的功率	各种电器仪表应采用0.2级或0.5级精度，并使所测得的数值在仪表测量范围的20%~95%之内
9	电流表	依电动机的容量选取	1~2只	测量电动机的电流	
10	电压表	依电动机的容量选取	1~2只	测量电动机的电压	
11	功率因数表	依电动机的容量选取	1只	测量电动机的功率因数	
12	电流互感表	依电动机的容量选取	单相2只	配合电流表使用	
13	电压互感表	依电动机的额定电压选取	单相2只	配合电压表使用	
14	转速表	依电动机的额定转数选取	1块	测量电动机的转数	
15	气压计	空盒式、数字式气压计	各1台	测量风流绝对压力	
16	温度计	普通	1只	测量风流温度	
17	湿度计	风叶式	1只	测量风流相对湿度	

表2-9（续）

序号	名 称	规 格	数 量	用 途	说 明
18	皮尺或钢尺	常用	各1个	测量有关尺寸	
19	电子计算机		1台	通风机性能实验 数据处理	
20	电话机	防爆、普通	各1台	通信联络	
21	木板		若干	调节风量	

表2-10 气象原始记录表

测定地点_____ 测定日期_____

序号	测定时间	干温度/℃	湿温度/℃	相对湿度/%	大气压力/Pa	空气密度/(kg·m^{-3})
1						
2						
3						

表2-11 风量原始记录表（用风表测算）

测定地点_____ 测定日期_____

序号	测定时间	测风处断面积/m^2	每次测定的风表读数			真实风速/(m·s^{-1})	风量/(m^3·s^{-1})
			第一次	第二次	第三次		
1							
2							
3							

表2-12 风量原始记录表（用皮托管和压差计测算）

测定日期_____

序号	测定时间	速压测定值/Pa			换算为风速/(m·s^{-1})	测点断面积/m^2	风量/(m^3·s^{-1})
		第一次	第二次	第三次			
1							
2							
3							

2. 其他准备工作

（1）记录通风机和电动机的铭牌技术数据，并检查通风机和电动机各部件的完好情况。

表 2-13 风量原始记录表

测定地点＿＿＿＿＿＿＿＿　　测定日期＿＿＿＿＿＿＿＿

序号	测定时间	静压测定值		测点断面积/m²	增减木板面积/m²
		Pa	mmH₂O		
1					
2					
3					

注：1 mmH₂O = 9.80665 Pa。

表 2-14 机电原始记录表

电机型号＿＿＿＿＿＿＿＿　　测定日期＿＿＿＿＿＿＿＿

序号	测定时间	电流/A	电压/V	功率因数	计算功率/kW	功率表读数/kW	通风机转数/(r·min⁻¹)
1							
2							
3							

表 2-15 通风机风量测定记录表

通风机型号＿＿＿＿＿＿＿＿　　叶片安装角度＿＿＿＿＿＿＿＿　　测定日期＿＿＿＿＿＿＿＿

序号	测定时间	风硐测风			扩散器环行空间						扩散器		
		断面/m²	风速/(m·s⁻¹)	风量/(m³·s⁻¹)	速压测定值/Pa			平均风速/(m·s⁻¹)	断面/m²	风量/(m³·s⁻¹)	断面/m²	平均风速/(m·s⁻¹)	风量/(m³·s⁻¹)
					1号仪器	2号仪器	3号仪器						
1													
2													
3													

表2-16　通风机性能测定静压记录计算表

通风机型号_____　　测定日期_____

序号	测定时间	风硐静压/Pa	风量/(m³·s⁻¹)	断面/m²	风硐速压/Pa	通风机静压/Pa	备注
1							
2							
3							

表2-17　通风机性能测定校正计算表

通风机型号_____　　测定日期_____

序号	风硐静压/Pa	温度/℃	空气密度/(kg·m⁻³)	空气密度校正系数	通风机转数校正系数	校正后风量/(m³·s⁻¹)	校正后通风机静压/Pa	校正后输入功率/kW	校正后输出功率/kW
1									
2									
3									

表2-18　通风机性能测定汇总表

通风机型号_____　　叶片安装角度_____　　测定日期_____

序号	通风机风量/(m³·s⁻¹)	通风机静压/Pa	通风机输入功率/kW	通风机输出功率/kW	通风机效率/%	备注
1						
2						
3						

（2）测量测风地点和安设工况调节框架处的巷道断面尺寸。

（3）在工况调节地点安设调节框架，并准备足够的木板；在测风、测压地点安设皮托管或静压管；在电路上接入电工仪表。

（4）检查地面漏风情况，并采取堵漏措施。

（5）清除风硐内的杂物和积水。

3. 组织分工

通风机性能试验工作由矿总工程师组织，通风、机电和救护等相关部门实施，并选定一人为总负责人。同时，成立测风组、测压组、电气测量组、通信联络组、安全保卫组和速算组，每组的人员数由工作任务而定。

4. 实际操作和注意事项

在工况调节前，应先把防爆门打开，使矿井保持自然通风，然后由总指挥发出信号，启动通风机，待风流稳走后，即可进行测试。每一个工况点的数据测量按下述步骤进行。

第一声信号：进行工况调节，完毕后通知总指挥，5 min 后发出第二声信号。

第二声信号：各组调整仪器，其中风表测风组开始测风。

第三声信号：各组同时读取数据，将测量结果记录于基础记录表中，并将测量结果通知速算组。

速算组将各组测量结果进行处理，测量数据正确、工况点位置合理后，进行第二点的测量工作。如此继续进行，直到将预定的测点数目测完为止。

在通风机性能试验中应注意以下事项：

（1）通风机应在低负荷工况下启动，随时注意电动机的负荷和各部件的温升情况。轴流式通风机工况点在"驼峰区"附近时应特别注意，发现超负荷或其他异常现象时，应立即关掉电动机。

（2）同一工况点的各个参数尽可能同时测量，测量数据波动较大时，应多次测量并取其平均值。

（3）测量过程中，应密切观测井下有害气体的涌出情况，必要时组织矿山救护队员在井下巡视，以应对紧急情况。

（4）进入风硐的工作人员要注意安全，防止发生坠井事故。

（5）通风机试验工作要选择在矿井停产检修日进行，通风机试验时要停止提升与运输工作，以免影响试验精度。

第三节　局部通风机与风筒性能参数测定

一、局部通风机性能测定

1. 测定任务

局部通风机性能测定的任务是绘制全压—风量（$H—Q$）、输入功率—风量（$N—Q$）和全压效率—风量（$\eta—Q$）3 条曲线。为此需要测定各个工况点的风量（Q）、全压（H）、电机输入功率 N、电机或局部通风机的转速 n 及大气和通过局部通风机空气的压力、温度和湿度等参数。

2. 测试系统与仪表

对于需要进行大批量试验的固定试验场所，可采用《通风机空气动力性能试验方法》进行布置。对于现场，可根据具体条件和对测值的精度要求，选择合适的布置方式，如图

2－4 所示。测定需要的设备与仪表除图中所示之外，还应准备皮尺、通风湿度计、空盒气压计。

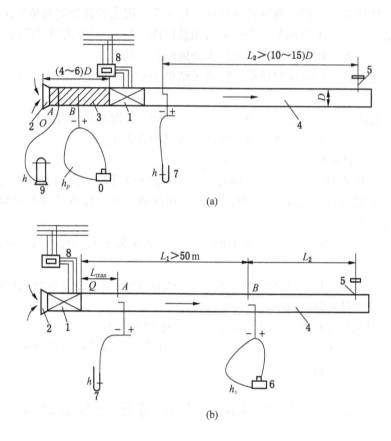

1—局部通风机；2—集风器；3—进风段风筒；4—出风段风筒；5—调节闸板；
6—单管倾斜压差计；7—垂直 U 形水柱计；8—三相功率表；9—补偿式微压计

图 2－4　局部通风机性能测定布置

3. 风量测算

测风方法与测风断面选择合理与否对风量测定精度至关重要。现对目前常用的测风方法进行介绍。

1）测定动压计算风量

这要求测定断面的速度场比较稳定。在如图 2－4a 所示的布置系统中，当进风侧连接有铁风筒时、测风断面可以选择在进风侧，布置在 B 断面；在如图 2－4b 所示的系统中，进风侧无铁风筒、没有合适的测风断面时，也可将测定断面布置在局部通风机的出风侧的柔性风筒中的 B 断面。实践表明，风流以螺旋状的高速流出风机会造成相当长的范围内风流不稳定，一般局部通风机出风侧风流不稳定的长度可达 50 m 以上，图 2-5 为距局部通风机出口不同距离断面上的速度分布图。因此测风断面距风机出口应大于 50 m，否则测风精度较差。

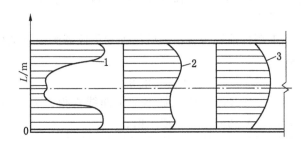

1—L=8.52 m；2—L=47.5 m；3—L=87.35 m

图 2-5　距风机出口不同距离（L）时的速度分布

2）测定相对静压计算风量

如图 2-4a 所示，测定断面布置在 A 断面，同一截面的风筒壁上均匀布置 4 个静压孔，孔径 2.5 mm，在小孔垂直壁面焊接 4 个金属管，然后用内径和长度相等的胶皮管将其并联后接在压差计上。这种方法精度较高，但事先要测定相对静压 h 与风量 Q 之间的函数关系（h—Q）曲线。根据测定的相对静压 h，查 h—Q 之关系曲线，即可求得风量 Q。此方法适用于大批量或重复试验的场所。

4．测压断面

理论上，测压断面应布置在风机出口，但因出口风流极不稳定，所以一般测压断面布置在距出口 5 倍风筒直径处。该处风流虽然未完全稳定，但只要在该断面上多布置几个测点，取其平均值，即可代表断面上的相对静压，此值近似为局部通风机的工作静压。

相对静压的测定一般采用皮托管和压差计相配合进行测定。

5．工况调节

通常在风筒的出风口接一节铁风筒，其中设调节闸门，用以改变局部通风机工况点；对于柔性风筒，也可用细绳结扎风筒来改变风阻。工况调节步骤和启动方法与主要通风机测定基本相同。

6．局部通风机转速、电气参数和大气物理参数测定

1）通风机转速的测定

通风机转速可直接用转速计测定。

转速计一般有机械式和激光转速仪。激光转速仪使用方便，操作简单。电机启动前在电动机（或风机动轮）的轴表面贴好激光反射纸，测定时将仪器激光束照在反射纸上，仪器的显示值即是转速。同步电动机拖动的风机还可用频闪（闪影）法测算转速。

2）大气物理参数的测定

测定的参数有气压 P、气温 t、相对湿度 φ，根据测值可求算空气的密度 ρ。

3）局部通风机电气参数测定

用功率表或 DZFC – 1 型性能综合分析测试仪等专用仪器测出电动机输入功率 N_m，按下式计算通风机轴功率 N：

$$N = N_m \eta_m \eta_{tr}$$

式中　η_m——电动机效率，直接测定或根据电动机曲线查得；无性能曲线时，在 0.9 ~ 0.94 间选取，大功率电动机取大值；

η_{tr}——传动效率。

也可测出电动机的电流 I、电压 U 和功率因数 $\cos\varphi$，求电动机输入功率：

$$N_m = \sqrt{3} I U \cos\varphi$$

二、风筒性能测定

风筒性能测定的主要任务是测定（摩擦）阻力系数、测算出不同压力和不同接头条件下的漏风率和百米风阻，以供掘进通风设计使用，并为合理使用风筒和加强通风管理提供可靠的资料。

1. 测定系统与仪表

风筒性能测定布置方式如图 2 – 6 所示。有条件时，在风机入口和风筒的出口处各安装一段铁风筒（图 2 – 6a），在风机入口的风筒内测动压，以计算风量，在出口的铁风筒内安设闸门，调节风阻，以获得不同压力下的性能参数；用补偿式微压计测算两断面间的通风阻力，计算风阻和摩擦阻力系数。这种布置方式测定精度较高。断面 C 为风机出口到风筒出口断面之间风流稳定段起点，一般局部通风机出口风筒中风流不稳定长度可达 50 m 以上，因此，测风断面距风机出口应大于 50 m，否则影响测风精度。这种布置方式测定精度较高。

没有铁风筒时，可参考图 2 –6b 所示布置。这种布置方式适用于在现场分段测定漏风率和风阻，以掌握整列风筒沿程漏风率、风阻与压力的关系。

测定需要的设备及仪表有：11 kW 或 28 kW 局部通风机一台，长度大于 200 m 的待测风筒，单管倾斜压差计 1 ~ 2 台，皮托管 2 ~ 3 支，通风湿度计和空盒气压计各 1 台，钢尺（2 m），胶皮管。

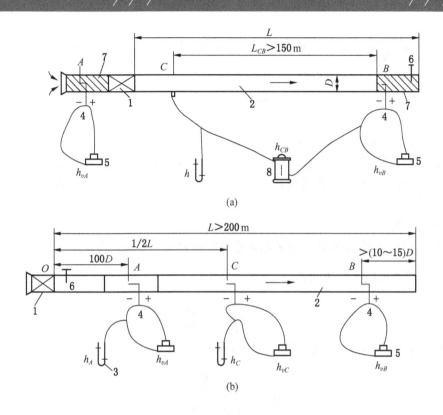

1—局部通风机；2—柔性风筒；3—垂直 U 形水柱计；4—皮托管；

5—单管倾斜压差计；6—调节闸板；7—铁风筒；8—补偿式微压计

图 2 – 6　风筒性能测定布置图

2. 风量测定

由于风筒存在漏风，故应分别在测段的两端 A、B 断面上布置测点，测风断面选择应满足图 2 – 6 所示的尺寸要求。一般采用测定动压法测量动压 h_{vi}，计算点风速 v_i。

1）测定动压法

根据选定测风断面的大小和流速分布情况，适当地把测风断面等分成若干个小面积块（或环），在每个小面积块（或环）的面积中心布置皮托管，测各点速压，求断面的平均风速，然后求算风量。用皮托管测风时，可采用各点分别测定法，即用一台压差计依次测各点的动压或用多台压差计同时测各点动压；也可采用多点联合测定法，即将各皮托管所有静压端相连、所有全压端相连后，集中用一压差计测平均动压。

分别测定法测出各点动压 h_{vi} 后，按下式求断面平均风速 v_m：

$$v_m = \frac{1}{n}\sqrt{\frac{2}{\rho}}\left(\sqrt{h_{v1}} + \sqrt{h_{v2}} + \sqrt{h_{v3}} + \cdots + \sqrt{h_{vn}}\right) = \frac{1}{n}\left(v_1 + v_2 + v_3 + \cdots + v_n\right)$$

式中　　　　　　n——测点数；

　　　　　　　　ρ——空气密度，kg/m^3；

　　　　　　　　v_m——断面平均风速，m/s；

　　　　v_1，v_2，$\cdots$，v_n——各测点风速，m/s。

采用各点分别测定法时，需大量连接胶皮管，测定比较麻烦，读数时间长，但测定结果的精度高，容易发现胶皮管或皮托管堵塞和漏气故障，而且能测定出断面上的速度场分布。

2）联合测定法

对速度场分布均匀的断面，可采用多点并联测定法。多点联合测定法测得的平均动压为 $\frac{1}{n}\sum\limits_{i=1}^{n}h_{vi}$，则断面的平均风速为

$$v'_m = \sqrt{\frac{2}{\rho}}\sqrt{\frac{1}{n}\sum_{i=1}^{n}h_{vi}}$$

按下式分别计算 A、B 两断面的风量 Q_A、Q_B：

$$Q = S\sqrt{\frac{2}{\rho}}\frac{\sum\limits_{i=1}^{n}\sqrt{h_{vi}}}{n}$$

式中　　S——测风断面的面积，m；

　　　　h_{vi}——测风断面上各点动压，Pa；

　　　　ρ——空气密度，kg/m^3；

　　　　n——断面上测点数。

3. 漏风率的计算

测定断面间风筒的漏风率 K_L 可按下式计算：

$$K_L = \frac{Q_A - Q_B}{Q_A} \times 100\%$$

百米风筒漏风率按下式计算：

$$K_{100} = \frac{100K_L}{L_{AB}}$$

这里应该强调的是，对于柔性风筒，其漏风率与风压、接头种类及其严密程度、风筒的节长等多种因素有关，因此用某一段风筒的漏风率算至整个长度风筒的漏风是不妥当的。铁、玻璃钢风筒与胶皮风筒的漏风规律是不同的。刚性风筒的漏风一般发生在接头部

位，风筒漏风系数与风筒长度呈非线性关系，因此对于刚性风筒使用全长的平均百米漏风率概念也是不合适的，用它计算各种长度的平均百米漏风率将有很大误差。

测算漏风率时要求测段长度很大，否则将由于测风精度降低使漏风率计算的偏差增大，甚至可能出现负值。

4. 通风阻力测定与计算

测定 AB 段通风阻力，可分别测定 A、B 两断面中心点的相对静压 h_A、h_B，或用长胶皮管直接测定 AB 段静压差 h_{AB}，然后用下式计算测段的通风阻力 $h_{RAB}(\text{Pa})$：

$$h_{RAB} = h_A - h_B + h_{vA} - h_{vB} = h_{AB} + h_{vA} - h_{vB}$$

式中　h_{vA}、h_{vB}——A、B 断面的动压，Pa。

当漏风分布均匀时，AB 段总风阻 $R_{AB}(\text{N} \cdot \text{s}^2/\text{m}^8)$ 可按下式计算：

$$R_{AB} = \frac{h_{AB}}{Q_A Q_B}$$

式中　Q_A、Q_B——A、B 断面风量，m^3/s。

包括摩擦阻力和接头局部阻力在内的风筒百米风阻 $R_{100}(\text{N} \cdot \text{s}^2/\text{m}^8)$ 为

$$R_{100} = \frac{100 R_{AB}}{L_{AB}}$$

刚性风筒的风阻只与风筒本身的材质、直径、新旧程度、接头质量等因素有关；而柔性风筒除受上述因素影响之外，还与风压大小有关。

第四节　矿井反风技术

矿井反风技术是当井下发生火灾时，为防止灾害扩大和抢救人员的需要而采取的迅速倒转风流方向的措施。

一、矿井反风的要求

在进行新建或改扩建矿井设计时，必须同时作出反风技术设计，并说明采用的反风方式、反风方法及适用条件。生产矿井编制灾害预防和处理计划时，必须根据火灾可能发生的地点，对采取的反风方式、反风方法及人员的避灾路线作出明确规定。多进风井和多回风井的矿井应根据各台主要通风机的服务范围和风网结构特点，经反风试验或计算机模拟，制订出反风技术方案，在灾害预防和处理计划中作出明确规定。

《煤矿安全规程》第一百五十九条规定，生产矿井主要通风机必须装有反风设施，并能在 10 min 内改变巷道中的风流方向；当风流方向改变后，主要通风机的供给风量不应小于正常供风量的 40% 。每季度应至少检查一次反风设施，每年应进行一次反风演习；

矿井通风系统有较大变化时，应进行一次反风演习。

二、矿井反风方法

矿井反风方法主要采用两种方法，即反风道反风和反转反风。

1. 反风道反风

利用主要通风机装置，设置专用反风道和控制风门，使通风机的排风口与反风道相连，风流由风硐压入回风道，从而使风流反向的方法称为反风道反风。离心式通风机和轴流式通风机都可以采用这种反风方法。

2. 反转反风

利用主要通风机反转，使风流反向的方法称为反转反风。轴流式通风机采用这种反风方法。

三、矿井反风方式

矿井反风方式主要有全矿井反风、区域性反风和局部反风 3 种。

1. 全矿井反风

全矿井总进风、回风井巷及采区主要进、回风巷风流全面反向的反风方式称为全矿井反风。当矿井在进风井口附近、井筒或井底车场及其附近的进风巷道发生火灾、瓦斯或煤尘爆炸时，为了防止灾害扩大，有利于灾害事故的处理和救护工作，需要采用全矿井反风。

2. 区域性反风

当多进风井、多回风井的矿井一翼（或某一独立通风系统）进风大巷发生火灾时，调节一个或几个主要通风机的反风设施，从而实现矿井部分地区的风流反向的反风方式称为区域性反风。

3. 局部反风

当采区内发生火灾时，主要通风机保持正常运行，通过调整采区内预设风门开关状态，实现采区内部分巷道风流的反向，把火烟直接引向回风道的反风方式，称为局部反风。

救灾指挥人员应根据火灾发生的部位、灾情、蔓延情况和实施反风的可能条件，确定采取正确的反风方式。

四、矿井反风演习

1. 矿井反风的要求

（1）每一个矿井每年至少进行一次反风演习，北方的矿井应在冬季结冰时期进行。

当矿井有新的井翼、水平投产或更换主要通风机时，都应进行反风演习。对于多台主要通风机通风的矿井，应分别进行多台主要通风机同时反风和单台主要通风机各自反风的演习，以分别观测反风效果。

（2）反风演习持续时间不应小于从矿井最远地点撤人到地面所需的时间，且不得小于 2 h。

（3）反风演习前，必须制订反风演习计划内容。

（4）反风演习后，由矿井主要技术负责人组织总结，并填写反风演习报告书，报有关部门审查。矿通风区（队）和矿山救护队各备一份，并保存一年，对反风演习中发现的设备、操作及其他问题，必须限期解决。

2. 反风演习报告内容

反风演习前，必须制订反风演习计划，内容包括以下 8 点：

（1）按照矿井灾害预防和处理计划的要求，规定火灾发生的假设地点。

（2）确定反风演习开始时间和持续时间。

（3）明确反风设备的操作顺序。

（4）确定反风演习观测项目和方法。

（5）预计反风后的通风网络、风量和瓦斯情况。

（6）制订反风演习的安全措施。

（7）明确恢复正常通风的操作顺序和制订排除瓦斯的安全措施。

（8）规定参加反风演习的人员及分工和培训工作。

反风演习计划由矿总技术负责人组织编制，报主管部门审批。

3. 反风演习时的火源管理

反风演习必须严格管理火源，并遵守下列规定：

（1）反风演习前应切断井下电源。反风结束、在风流恢复正常后，风流中瓦斯浓度不超过 1% 时方可恢复送电。

（2）反风演习中，距出风井井口 20 m 的范围内，与出风井井口相通的井口房等建筑物内均须切断电源，禁止一切火源存在，并禁止交通。

（3）反风演习前，井下火区必须进行封闭或消除，并加强反风时及反风后的观测。

4. 反风演习的观测项目

（1）观测主要通风机运转状态，包括电机负荷、轴承温升、风量和风压等。电机不得超负荷运转。

（2）测定全矿井、井翼、水平、采区的进、回风流中的瓦斯、二氧化碳的浓度和风量。瓦斯和二氧化碳的浓度每隔 10 d 测定一次，并观测巷道中风流方向，风量每隔半小时测定一次。

（3）选择瓦斯或二氧化碳涌出量大或涌出不正常的采掘工作面，测定瓦斯或二氧化碳的浓度、涌出量，并记录浓度达到2%的时间。

5. 编写反风演习报告书

反风演习报告书应表明矿井名称和反风起止时间，并包括以下内容：

（1）矿井通风情况，可参照表2-19填写。

（2）主要通风机运转情况，可参照表2-20填写。

（3）井巷中风量和瓦斯浓度，可参照表2-21填写。

（4）反风演习时，空气中瓦斯或二氧化碳达到2%的井巷，可参照表2-22填写。

（5）记录反风设备的反风操作时间及恢复正常通风的时间。

（6）绘制矿井通风系统图（包括反风前、反风时的通风系统图）。

（7）确定反风演习参加人数，包括井下人数、地面人数。

（8）总结经验与教训。

（9）总结存在的问题、解决办法和日期。

表2-19 矿井通风情况表

名　　　称	反风演习前	反风演习后
本年度矿井计划产量/t		
上年度矿井实际年产量/t		
矿井总回风量/($m^3 \cdot min^{-1}$)		
矿井瓦斯绝对涌出量/($m^3 \cdot min^{-1}$)		
矿井二氧化碳绝对涌出量/($m^3 \cdot min^{-1}$)		
矿井瓦斯相对涌出量/($m^3 \cdot t^{-1}$)		
矿井二氧化碳相对涌出量/($m^3 \cdot t^{-1}$)		
矿井等积孔/m^2		

表2-20 主要通风机运转情况表

名　　　称		1号主要通风机	2号主要通风机	3号主要通风机
主要通风机型号				
主要通风机转速/($r \cdot min^{-1}$)				
主要通风机叶片安装角度/(°)				
主要通风机的风量/($m^3 \cdot min^{-1}$)	反风演习前			
	反风演习时			

表 2-20（续）

名 称		1 号主要通风机	2 号主要通风机	3 号主要通风机
主要通风机的风压/Pa	反风演习前			
	反风演习时			
电动机型号				
电动机转速/$(r \cdot min^{-1})$				
电动机输入功率/kW	反风演习前			
	反风演习时			
反风方式				

表 2-21 井巷风量和瓦斯浓度表

序号	测量地点	反 风 演 习 前				反 风 演 习 时			
		风流方向	风量/$(m^3 \cdot min^{-1})$	瓦斯浓度/%		风流方向	风量/$(m^3 \cdot min^{-1})$	瓦斯浓度/%	
				CH_4	CO_2			CH_4	CO_2
1									
2									
3									

表 2-22 反风演习时空气中 CH_4 或 CO_2 达到 2% 的井巷

序号	井巷名称	CH_4		CO_2	
		反风开始时达到 2% 的时间/min	持续大于 2% 的时间/min	反风开始时达到 2% 的时间/min	持续大于 2% 的时间/min
1					
2					

第五节 矿井瓦斯等级鉴定

一、矿井瓦斯等级划分

《煤矿安全规程》规定，一个矿井只要有一个煤（岩）层发现瓦斯，该矿井即为瓦斯矿井，瓦斯矿井必须依照矿井瓦斯等级进行管理。矿井瓦斯等级根据矿井相对瓦斯涌出量、矿井绝对瓦斯涌出量和瓦斯涌出形式划分为3类：

（1）低瓦斯矿井。矿井相对瓦斯涌出量小于或等于 $10 \ m^3/t$，且矿井绝对瓦斯涌出量小于或等于 $40 \ m^3/min$。

（2）高瓦斯矿井。矿井相对瓦斯涌出量大于 $10 \ m^3/t$，或矿井绝对瓦斯涌出量大于 $40 \ m^3/min$。

（3）煤（岩）与瓦斯（二氧化碳）突出矿井。

每年必须对矿井进行瓦斯等级和二氧化碳涌出量的鉴定工作，报省（自治区、直辖市）负责煤炭行业管理的部门审批，并报省级煤矿安全监察机构备案。

二、矿井瓦斯等级的鉴定

1. 鉴定时的生产条件

矿井瓦斯等级的鉴定工作应在正常的条件下进行。确定矿井瓦斯等级时，按每一自然矿井中的矿井、煤层、一翼、水平和采区分别计算相对瓦斯涌出量和绝对瓦斯涌出量，并应取其最大值，但被鉴定的矿井、煤层、一翼、水平或采区的回采产量应不低于该地区总产量的60%。

2. 鉴定时间

根据当地气候条件，选择矿井绝对瓦斯涌出量最大的月份进行鉴定。

3. 鉴定工作内容与要求

鉴定工作必须在鉴定月的上、中、下三旬中各取一天（间隔10天）分三个班（或四个班）进行。在矿井、煤层、一翼、水平和采区的回风巷道中，分别测定风量、瓦斯和二氧化碳浓度。每一工作班的测定时间应选在生产正常时刻。测定地点应在测风站内进行，如果附近无测风站时，可选断面规整并无杂物堆积的一段平直巷道作为观测站。检测仪表必须进行校正。测量方法和次数应按操作规程进行。抽采瓦斯的矿井，在鉴定日内应在相应的地区测定抽采瓦斯量，矿井瓦斯等级的划分必须包括抽采瓦斯量在内的吨煤瓦斯涌出量。在鉴定月内，地面和井下的气温、气压和湿度等气象条件也应记录。

4. 工作班瓦斯涌出量的计算

各工作班瓦斯涌出量 = 风量 × 瓦斯浓度（单位为 m^3/min）。计算煤层、一翼、水平或采区的瓦斯或二氧化碳涌出量时，注意应扣去相应的进风流中的瓦斯或二氧化碳量。计算结果应填入表2-23内。

5. 鉴定报告表

鉴定结果填入矿井瓦斯等级鉴定报告表（表2-24）。在鉴定月的上、中、下三旬进行测定的三天中，以最大一天的绝对瓦斯涌出量来计算平均每产煤1t的瓦斯涌出量（相对瓦斯涌出量）。

局____　矿____　井____　煤层____　水平____　翼____　采区____　　　　　年____　月____

表2-23　瓦斯和二氧化碳测定基础表

气体名称	旬别	日期	第一班			第二班			第三班			三班平均涌出量/(m³·min⁻¹)	抽放瓦斯量/(m³·min⁻¹)	瓦斯涌出总量/(m³·min⁻¹)	月工作天数	月产煤/t	说明
			风量/(m³·min⁻¹)	浓度/%	涌出量/(m³·min⁻¹)	风量/(m³·min⁻¹)	浓度/%	涌出量/(m³·min⁻¹)	风量/(m³·min⁻¹)	浓度/%	涌出量/(m³·min⁻¹)						
瓦斯	上																
	中																
	下																
二氧化碳	上																
	中																
	下																

观测人____　　　　　　　　　　　　　　　　　　　　　制表人____

表 2-24　矿井瓦斯等级鉴定报告表

气体名称	矿井、煤层一翼、采区名称	三旬中最大一天的涌出量/$(m^3 \cdot min^{-1})$	月实际工作天数/d	月产煤量/t	月平均日产煤量/$(t \cdot d^{-1})$	相对涌出量/$(m^3 \cdot t^{-1})$	矿井瓦斯等级	上年度瓦斯等级	说明
瓦　斯									
二氧化碳									

各矿务局应根据鉴定结果并结合产量水平、采掘比重、生产区域和地质构造等因素，提出确定矿井瓦斯等级的意见，连同有关资料报省（区）煤炭局审批。

6. 报批的资料

（1）瓦斯和二氧化碳测定基础表。

（2）矿井瓦斯等级鉴定报告表。

（3）矿井通风系统图，并标明鉴定工作的观测地点。

（4）煤尘爆炸指数表。

（5）上年度矿井内、外因火灾记录表。

（6）上年度瓦斯（二氧化碳）喷出、煤（岩）与瓦斯（二氧化碳）突出记录表。

（7）其他说明——鉴定月生产是否正常和矿井瓦斯来源分析等资料。

7. 瓦斯喷出、煤和瓦斯突出矿井瓦斯等级鉴定

煤与瓦斯突出矿井在矿井瓦斯等级鉴定期间，也必须按矿井瓦斯等级和二氧化碳的鉴定工作内容进行测定工作。矿井在采掘过程中，只要发生过一次煤（岩）与二氧化碳突出，该矿井即定为煤（岩）与二氧化碳突出矿井。

矿井内发生瓦斯或二氧化碳喷出的地点，在其影响范围内应按防治喷出的有关规定管理。在下一年度矿井瓦斯等级鉴定时，若该地点的瓦斯或二氧化碳喷出现象已经消失，可以不再按防治喷出的有关规定管理。

在矿井瓦斯等级鉴定的同时，还必须测定矿井和各地区二氧化碳涌出情况，并填入表2-23和表2-24内。

8. 基本建设矿井瓦斯等级鉴定

在矿井瓦斯等级鉴定期间，正在建设的矿井也应进行瓦斯涌出量的测定。如果测定结果，特别是在揭开煤层后实际瓦斯涌出量超出原设计确定的矿井瓦斯等级时，应提出修改矿井瓦斯等级的专门报告，报原设计审批单位批准。

第六节 矿井漏风的测定

一、利用风表或利用皮托管配合压差计测量漏风

如图 2-7 所示，井巷 AB 段中间有风漏入。用风表分别测量 A、B 断面的平均风速和断面积，并计算 A、B 断面风量。A 与 B 两断面的风量之差，即为漏入巷道 AB 段内的漏风量。也可以利用皮托管配合压差计测算出 A、B 断面平均风速，进而算出漏风量。此种方法适用于漏风量较大，且 A、B 断面风速也较大（$v > 5$ m/s）的条件下。

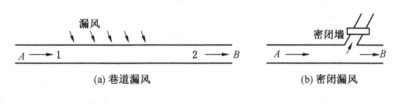

1、2—采样点
图 2-7 巷道漏风测算原理

二、利用示踪气体测定漏风

1. 测定原理

示踪气体技术检测井巷风量和漏风在国内外已应用多年。选择具有一定特性的气体做标志气体，利用风流和漏风作载气，在压能高的位置释放一定量的标志气体，在其可能出现的位置采样，通过气体分析确定标志气体的流动轨迹和浓度，据此可计算出风量或漏风量。这种标志气体称为示踪气体。目前煤矿广泛使用六氟化硫（SF_6）作为示踪气体。如图 2-7a 所示的一段巷道，图中 1、2 为采样点。设通过断面 1 的风量为 Q，漏风区间中的 1、2 两断面间漏风量为 ΔQ，1、2 两断面间气样中的示踪气体浓度分别为 C_1 和 C_2，则由质量守恒定律可得

$$C_1 Q = C_2 (Q + \Delta Q)$$

整理可得

$$\Delta Q = \frac{Q(C_1 - C_2)}{C_2}$$

2. 测定步骤

示踪气体检测包括释放量和释放地点确定、采样、气样分析和资料整理等步骤。

1）释放量

释放量取决于漏风量和检测浓度，以保证检测的浓度在分析仪器的检测线性范围内（对 SF_6 为 $10^{-9} \sim 10^{-11}$ ）为原则。释放量可近似按下式估算：

$$q = kQCt10^{-6}$$

式中　q——预估释放量，mL；

　　　Q——释放点的漏风量（估计），m^3/min；

　　　C——检测仪器的适宜检测浓度，$C \approx 10^8$；

　　　t——示踪气样释放后扩散至整个风流中需要的时间，视漏风的脉动程度而定，可取 $10 \sim 20\ min$（漏风量大取小值，反之取大值）；

　　　k——系数，考虑示踪气体在采空区内滞留和其他漏风影响的系数，$k = 1.32$。

2）释放示踪气体的方法

示踪气体的释放方法可分为脉冲释放、定量脉冲释放和连续定量释放 3 种。若定性地检测漏风通道可选用前两种，如检测漏风量则选择连续定量释放法。连续定量释放法需要用连续定量释放装置释放，稳流微量释放装置就可以使释放的示踪气体流量和压力保持稳定。示踪气体释放点距采样点要有一定的距离，以保证采样点断面上的示踪气体的浓度分布均匀和能检测到浓度的变化，并以具有足够的精度为宜。

3）采样

一般采用医用玻璃注射器采取气样，并注入密封良好的聚乙烯（不吸附 SF_6）塑料袋中，然后用胶带纸将针孔封严。

4）气样分析

采用装有电子捕获检测器的气相色谱仪分析，其检测精度应达到 10^{-11} 以上。

三、巷道断面积测量

1. 规则巷道断面积（S）测算

测量规则巷道断面积，只需要测量出巷道的净高和相应的巷道宽度，即可用下式计算：

矩形和梯形巷道　　　　　　　　　　$S = HB$

三心拱巷道　　　　　　$S = B(H - 0.07B)$

半圆形巷道　　　　　　$S = B(H - 0.11B)$

式中　H——巷道净高，m；

　　　B——梯形巷道为半高处宽度，拱形巷道为净宽，m。

2. 不规则巷道断面积（S）测算

形状不规则的锚喷巷道可以用网格法精确测量其断面积。方法是：在巷道的中心立一标尺，每隔 $200 \sim 250\ mm$ 测量一个水平宽度值，用类似方法测量巷道高度，然后把结果按比例画在方格纸上，计算其面积，如图 2 - 8 所示。

3. 周长测算

井巷的周长可以直接测量，也可以根据已知的断面积按下式计算，即

$$U = c\sqrt{S}$$

式中　c——巷道的断面形状系数，可参考下列近似值选取：梯形 $c = 4.16$，三心拱 $c = 4.10$，半圆拱 $c = 3.84$，圆形 $c = 3.54$。

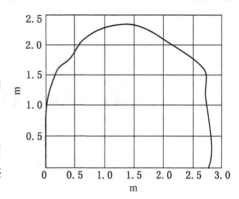

图 2 - 8　不规则巷道断面积（S）测算

第三章　作业项目的实施

第一节　自动风门的构筑

一、碰撞式自动风门

碰撞式自动风门由木板、推门杠杆、门耳、缓冲弹簧、推门弓和铰链等组成（图3-1）。风门是靠矿车碰撞门板上的门弓和推门杠杆而自动打开的，借风门自重而关闭。其优点是结构简单，经济实用；缺点是碰撞构件容易损坏，需经常维修。此种风门可用于行车不太频繁的巷道中。

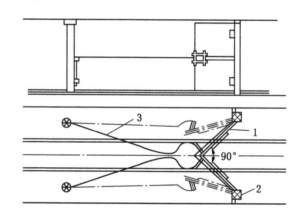

1—风门；2—墙垛；3—撞杆

图3-1　碰撞式自动风门

二、气动或水动风门

气动或水动风门的动力来源是压缩空气或高压水。它是由电气触点控制电磁阀，电磁阀控制气缸或水缸的阀门，使气缸或水缸中的活塞做往复运动，再通过联动机构控制风门开闭。这种风门简单可靠，但只能用于有压缩空气和高压水源的地方，北方矿山严寒易冻的地方不能使用。这种风门的结构如图3－2所示。其中，电磁阀6与压力水活塞缸5控制着开启风门的重锤4，重锤4能和牵动主动门扇D1的绳索8、滑轮7与控制关闭风门的重锤3连接。当矿车行近风门时触动电源开关，给电磁铁15送电，电磁铁启动推动杆12，使钢球13堵住充水管口，并推动钢球14离开排水管口，则缸内的压力水经电磁阀16的排水管排入矿井供水管路，此时活塞下降，靠活塞支撑的重锤4下落，从而牵动主动门扇D1开启，与此同时，联动装置2使从动门D2打开，重锤3也被吊起。矿车通过风门后，电磁铁断电，在弹簧11作用下，电磁阀复位，钢球14堵住排水管口，钢球13离开充水管口，开始向缸内充水，活塞上升，重锤4抬高，重锤3下落，门扇D1关闭，同时联动装置2使门扇D2也关闭。为保证风门顺利开启，应使重锤4的质量大于重锤3。这种风门的门框应制成等腰三角形。

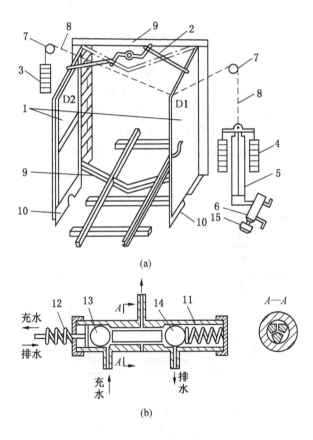

图3－2 水压式自动风门

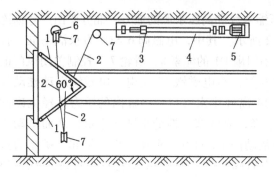

1—门扇；2—牵引绳；3—滑块；4—螺杆；
5—电动机；6—重锤；7—滑轮

图3-3 电动式自动风门

压气式自动风门的工作原理与水压式自动风门基本相同，只是把压力水换为压气，把水缸改为气缸，但费用较贵。

三、电动式自动风门

电动式自动风门是以电为动力。根据电源开关的不同可分为触动式电动风门、光电自动风门和超声波自动风门。图3-3所示为电动风门的主要组成部分。当矿车移近风门时触动电源开关，使电动机5通电，电动机带动螺杆4转动，则滑块3沿着螺杆移动，由绕过滑轮7的牵引绳2把门扇1打开，重锤6抬高。矿车通过后，断电，靠重锤下降和风压差把门扇1关闭。

自动风门（除机械传动式以外）的电源开关有轨道接点式、辅助滑线式，以及光电、超声波控制开关等。轨道接点式是把电源开关设置在轨道近旁，靠车轮压动开关。辅助滑线式是在离风门一定距离的电机车架线旁10 cm处，另架设一条长1.5～2.0 m的滑线，当电机车通过时，接触电弓子使正线与辅助滑线接通，致使操纵风门的动力系统工作。这种电源开关的结构简单、动作可靠，但只能用于有电机车通过的地方。超声波自动风门在防尘、防潮、防爆和使用寿命等方面都比光电自动风门要好。图3-4所示为超声波自动风门的平面布置。

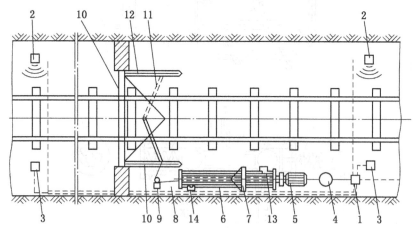

1—电源转换器；2—超声波发射机；3—接收机；4—电气控制箱；5—电动机；6—丝杆；7—滑块；
8—钢丝绳；9—导向轮；10—风门；11—铰链；12—弹簧；13、14—行程开关（LXB）

图3-4 超声波自动风门

第二节　火　区　管　理

矿井火源被封闭后便形成火区。火区的存在对矿井是一个重大威胁。所谓火区管理是指以恢复火区正常、消灭火灾为目的而采取的一些管理措施，其内容包括火区控制及启封。

一、火区控制

火区封闭后应加强控制管理，以使火源及早熄灭。要经常观测火区情况，判断火源是否熄灭。

火区基础管理包括建立火区档案，密闭及防火墙的管理，建立火区监测制度及气体分析制度等。

1. 建立火区档案

火区档案应包括以下内容：

（1）建立火区卡片，详细记录发火日期、发火原因。

（2）处理火灾时的领导机构人员名单。

（3）灭火过程及采取的措施。

（4）火区的位置和范围。

（5）发火地点的煤层厚度、煤质、顶底板岩性、瓦斯涌出量。

（6）生产情况，如采区范围、采出率、采煤方法、回采时间。

（7）发火前后气体分析情况和温度变化情况。

（8）发火前后的通风情况（风量、风速、风向）。

（9）火区封闭煤量等。

（10）绘制矿井火区示意图。以往所有火区及发火地点都必须在图上注明，并按时间顺序编号。

（11）永久密闭的位置、建造时间、材料及厚度等。

《煤矿安全规程》规定，煤矿企业必须绘制火区位置关系图，注明所有火区和曾经发火的地点。每一处火区都要按形成的先后顺序进行编号，并建立火区管理卡片。火区位置关系图和火区管理卡片必须永久保存。火区卡片包括火区登记表、火区灌浆注砂记录表、防火墙记录表。这些都是防灭火的基础资料，也是安排生产必不可少的资料，应责成专人完成和保管。

2. 防火墙的管理

为了掌握火区漏风情况，最好在每一个防火墙上都安设简易的水柱计，以便随时观察其压差的变化。对于《煤矿安全规程》规定检查的火区气体成分、气温、水温等，最好把观测和分析得来的数据按时间作出连续的曲线，以便更清晰地表示出变化趋势与过程。所有测定和检查结果都必须记入防火记录簿中，矿通风区长应按时审查，发现封闭不严等密闭防火墙缺陷及火区有异常变化时，必须采取措施，及时处理，并报告矿总工程师。

防火墙的严密性在很大程度上决定着封闭火区灭火的成效。火区防火墙一定要定期检查，要采用石灰刷白，以便及时发现漏风裂隙。如果防火墙的顶部和两帮的煤（岩）体内出现明显的漏风裂隙，应采用打钻注入泥浆、凝胶等方法予以加固密封。具体内容如下：

（1）每个防火墙都要进行统一编号，建立卡片（卡片注明建造防火墙的时间、材料、厚度等）。

（2）每个防火墙附近必须设置栅栏、警示牌，禁止人员入内。并悬挂管理牌板，记明防火墙内外的气体成分、温度、空气压差、测定日期及测定人员姓名。

（3）经常进行漏风检查，如有漏风或火区内有异常，必须采取措施及时处理。

《煤矿安全规程》规定，永久性防火墙的管理应遵守下列规定：

（1）每个防火墙附近必须设置栅栏、警示牌，禁止人员入内，并悬挂说明牌。

（2）应定期测定和分析防火墙内的气体成分和空气温度。

（3）必须定期检查防火墙外的空气温度、瓦斯浓度，防火墙内外空气压差及防火墙墙体。发现封闭不严或有其他缺陷或火区有异常变化时，必须采取措施及时处理。

（4）所有测定和检查结果，必须记入防火记录簿。

（5）矿井做大的风量调整时，应测定防火墙内的气体成分和空气温度。

（6）井下所有永久性防火墙都应编号，并在火区位置关系图中注明。防火墙的质量标准由煤矿企业统一制定。

3. 火区观测

取得大量系统的火区观测数据有利于对火情作出科学判断和控制。缺乏对火区系统的观测就不能及时了解火情，容易导致火源外燃事故的发生，尤其在邻近进风井或进、回风大巷的火区，更易发生此类事故。

对封闭火区的观测项目、熄灭条件，《煤矿安全规程》有明确的规定：

（1）火区内的空气温度下降到 30 ℃ 以下，或与火灾发生前该区的日常空气温度相同。

（2）火区内空气中的氧气浓度降到 5.0% 以下。

（3）火区内空气中不含有乙烯、乙炔，一氧化碳浓度在封闭期间内逐渐下降，并稳定在 0.001% 以下。

（4）火区的出水温度低于 25 ℃，或与火灾发生前该区的日常出水温度相同。

（5）上述 4 项指标持续稳定的时间在 1 个月以上。这是火区熄灭的基本条件，但是在有些情况下并非如此简单。例如，在封闭的盲巷火区，采取均压措施杜绝了漏风的火区，火源虽然已经熄灭，但 CO 却仍然长时间存在。在未采取均压措施，而且受主要通风机作用影响较大的火区，如果 CO、CH_4、H_2、C_xY_x 及 CO_2 气体均在下降的同时，O_2 浓度却在上升，这说明前面几种气体在火区内产生的速度低于透过出风侧防火墙涌出的速度。高瓦斯煤层火区有时会遇到 CH_4 浓度迅速增长的现象，但并非来自煤的干馏或自燃，而是火区瓦斯自然涌出。自然涌出的瓦斯有时能将其他气体从火区挤出，造成火源已经熄灭的假象。

在某些特厚煤层，由于煤吸附氧气的能力很强，火区封闭之后常常可以遇到 O_2 浓度迅速下降，而 N_2 浓度上升。煤的自热或自燃的范围越大，火区漏风与煤炭的接触越充分，煤的吸氧能力越强，火区内气体的氧浓度越低，所以有时在火区出风侧密闭取样分析氧气浓度虽然为零，但也不能作为判定火已经熄灭的根据，还要做系统综合分析判定。从火区采取气样时，应选在大气压力正常或下降的时间内。每一个防火墙在取样时是进风还是排风都应判断清楚，予以注明。总之，要力求气样能够真实地反映火区内部情况，建立火区监测制度及气体分析制度。

（1）检查内容包括 O_2、CO、CO_2、CH_4 等气体浓度及温度。

（2）检查地点在回风侧防火墙。

（3）检查时间为每班一次，异常情况除外。

（4）检查人员必须进行培训，合格后上岗。检查人员下井时必须携带自救器，2 人一组。

（5）检查结果报矿长、通风科长审阅，每 10 天进行气体汇总分析一次，如有异常立即查明原因并进行处理。

火区监测记录必须长期保存，直到火区注销为止。

二、火区启封

启封火区是一项危险的工作，一定要谨慎从事。事先要制订安全措施和计划，报矿务局总工程师批准。启封前要做好一切应急准备，要有万一启封失败、老火复燃而必须重新封闭的思想准备与物质准备。启封火区时，瓦斯燃烧或爆炸的事故也时有发生，要严格执行防止瓦斯爆炸的有关规定。启封火区工作一般由救护队完成。

一般有两种启封火区的方法。

1. 通风启封火区法

火区范围不大，确认火源已经熄灭，可以采用此法。启封前要预先确定火区有害气体的排放路线，撤出路线上的工作人员。然后选择一个出风侧防火墙首先打开，过一定时间再打开入风侧防火墙。待火区有害气体排放一段时间无异常现象后，可以相继打开其余的防火墙。打开第一个防火墙时应先开一个小孔，然后逐渐扩大。严禁一次将防火墙全部扒开。

进风侧防火墙一般处于火区的下部，容易有 CO 积存，开启前要注意查明，开启时也要检查，防止 CO 逆风流动造成危害。

打开进、回风防火墙之后的短时间内应采用强力通风。为防止万一发生瓦斯爆炸事故而伤人，这时要求工作人员撤离一段时间，待 1~2 h 之后再派人进入火区进行清理工作，如喷水降温、挖除发热的煤炭等。

2. 锁风启封火区法

火区范围较大时，火源是否已经完全熄火难以确认。高瓦斯火区有可能积存大量可燃性气体，一旦与残留的火源接触，有发生爆炸的危险，这时就要采取锁风启封的方法。所谓锁风启封火区就是先在原有的火区进风防火墙外面 5~6 m 的地方筑一道带门的防火墙。救护队员进入，风门关闭，形成一个封闭的空间，储备一定的材料（水泥、砂石、坑木等）后，再将原来的火区防火墙打开。救护队员进入火区探查后，确认在一段距离范围内无火源，可选择适当地点重新建立临时防火墙，恢复通风，逐段逼近发火地点。只有当新的防火墙建立后，才能打开第一个防火墙的风门。启封期间火区始终处于封闭、隔绝状态。

无论采用哪种启封火区的方法，在工作过程中都要经常检查火区气体，切实落实防爆措施，如果发现有一氧化碳等火灾复燃征兆，必须立即停止向火区送风，并重新封闭火区。

三、火区日常管理

1. 防火墙检查的内容

（1）检查防火墙附近瓦斯浓度。

（2）测量防火墙附近风速。

（3）测量防火墙附近氧气浓度。

（4）测量防火墙附近一氧化碳浓度。

（5）测量防火墙附近二氧化碳浓度。

（6）测量防火墙附近硫化氢浓度。

（7）测量防火墙附近温度。

2. 防火墙漏风检查的准备及检查方法

编制防火墙漏风检查计划，建立检查小组，请工程技术人员讲安全注意事项，熟悉所用的设备、仪器及其使用注意事项，并准备印制检查记录表格。

检查步骤如下：

（1）根据需要带好所需的工具。

（2）进入待测地点前，先将瓦斯光学检定器在与待测地点的温度、气压相近的新鲜风流中进行调零。

（3）进入防火墙前，应先检查瓦斯和二氧化碳的浓度。

（4）检查墙内气体浓度和温度时，先将砌墙时预留的检测孔的丝堵打开，然后在瓦斯检查器的圆形管顶端依次开2个小孔，把温度计插入圆形管内并送入检测孔，按规定操作程序测出防火墙内的气体浓度和温度。

（5）测定防火墙内外的氧气和一氧化碳时，先将抽气唧筒在待测地点往复抽活塞送气2~3次，使检查管内充满待测气体，并将三通阀打至45°位置，然后将氧气或一氧化碳检定管的两端封口打开，并从其下端插入，再将三通阀阀把打至90°位置，按检定管规定的送气时间将气样以均匀的速度送入检定管。送气后根据检定管内棕色环上端所指示的数字，直接读出被测气体中氧气和一氧化碳的浓度。

3. 火区日常管理的方法步骤

（1）在防火墙外一边检查 CO、CH_4、CO_2 等气体的浓度，一边向防火墙附近走并作记录。

（2）检查温度。当温度达到35 ℃、CO 浓度达24 mg/m^3 时，要立即撤人。

（3）记录。

（4）整理、分析数据。

（5）根据实际检测的数据和所学知识来判断火区情况。

第四章 矿井通风管理

第一节 矿井通风管理机构与制度

一、矿井通风管理机构设置

矿井通风管理是一项技术性复杂、政策性较强、责任心较重的工作，为了有效地开展通风管理工作，必须设立专职的通风管理组织机构，这对保证矿井安全生产，提高矿井经济效益具有重要意义。

矿井的通风管理机构主要是根据矿井的生产能力、通风系统复杂性及矿井灾害的严重程度等确定。我国目前的大型采矿企业根据需要设立通风处，一矿一井的矿应建立通风区（科），一矿多井的矿要设通风区或队，具体工作由矿安全生产矿长负责，技术工作由总工程师直接领导。矿通风区队的组织形式与人员编制应根据矿井的具体条件确定，以保证适应矿井通风工作的需要。通风区队必须配备工程师或技术员和足够的通风、瓦斯检查与监控、抽放、防尘、防灭火人员。对于井型较小、灾害较轻的矿井，矿井的通风管理一般与矿井的安全管理机构合二为一，如图4-1所示。

二、矿井通风管理制度

要有效地进行通风管理，必须根据矿井具体情况，制订严格的通风管理制度，明确各级领导、各级管理部门、有关管理人员的工作责任。主要管理制度应包含以下几点：

（1）通风区队班干部及各工种的岗位责任制。

（2）矿井测风制度、瓦斯检查制度和瓦斯排放制度。

（3）掘进通风管理制度。

（4）通风调度制度及安全办公会议制度（包括矿每月至少召开一次通风例会、每日的班前会）。

（5）通风系统管理制度包括建立"五图、五板、五记录、四台账"，即通风系统图、防尘系统图、防灭火系统图、安全监测系统图、瓦斯抽放系统图；局部通风管理牌板、通风设施管理牌板、防尘设施管理牌板、通风仪表仪器管理牌板、安全监测管理牌板；调度

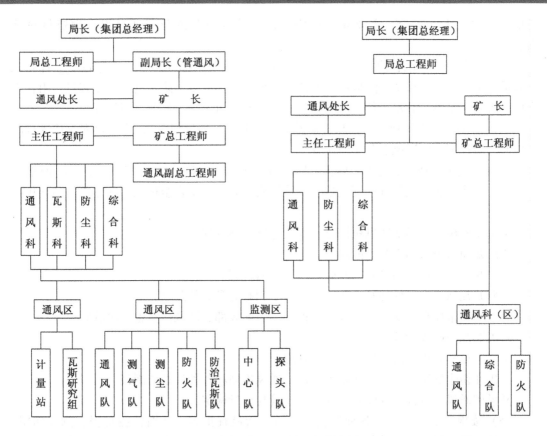

图4-1 矿井通风管理机构设置

值班记录、通风区队值班记录、通风设施检查记录、防灭火检查记录、测风记录；瓦斯调度台账、防火密闭管理台账、煤层注水台账、瓦斯抽放台账。

（6）通风仪器仪表管理制度，包括通风安全仪器仪表的保管、维修、保养制度，定期校正，定期进行计量检定。

（7）各工种的安全教育培训制度。

第二节 矿井通风安全管理业务

一、矿井通风安全管理内容

（1）根据矿月度生产计划编制通风月作业计划。应包括矿（井）风量分配、瓦斯抽放、防灭火、防尘、主要巷道维修、瓦斯检查与监测及劳动组织、物资材料等内容。

（2）根据规定要求在执行作业计划中贯彻好通风质量标准要求，抓好各专业计划工程质量，努力提高合格率、降低材料消耗，完成瓦斯抽放量、防水密闭、注浆量、阻化工作量、防尘注水量、洒水点数、洗尘巷长、矿井有效风量率等作业计划指标。

（3）协助矿总工程师组织编制《矿井灾害预防和处理计划》，在抢险救灾时接受抢险指挥部总指挥下达的通风业务工作命令。

（4）负责组织通风、瓦斯、防火、防尘等技术测定、科学试验、监测仪器工业试验、计量检定工作，包括从制订计划上报、批准后实施到提出报告全过程。具体项目内容包括9点：

①主要通风机、局部通风机性能测定及通风设施管理。

②矿井通风阻力测定及压能测定。

③矿井风量测定、漏风测定及矿井通风网路解算。

④矿井瓦斯检查、处理及瓦斯的等级鉴定和有关参数的测定。

⑤预测预报煤和瓦斯突出、开采保护层、防突局部、区域性措施应用试验。

⑥煤层瓦斯抽放管理。

⑦煤层自然发火预防、处理和火区管理。

⑧矿井粉尘的防尘、灭尘和防爆工作；通风规划和各种计划的制订。

⑨煤矿通风安全仪器及监测系统工业试验与计量检定。

（5）按规定上报和收存各种报表。包括瓦斯检查报表、瓦斯监测日报、测风旬报、矿井气体化验日报、监测设备工况统计月报、自然发火次数及煤和瓦斯突出次数年报、瓦斯抽放及注浆量日报。

（6）参加有关通风方面伤亡事故的调查与处理。

（7）日常管理工作有政治思想、安全及技术学习和教育、通风质量达标活动等。

二、通风安全检查制度

安全检查是安全管理工作的重要手段之一，其主要目的是要通过安全检查，及时了解情况，发现问题，将事故消灭于萌芽状态。同时，通过对比检查，强化领导和职工的安全意识，交流经验，互相学习，提高安全工作水平。

1. 一般安全检查的项目

（1）查领导思想。检查执行国家的安全生产法律法规和执行"三大规程"的基本情况，看是否把安全工作放在第一位，真正关心职工安全健康。

（2）查管理。检查企业的安全管理状况，掌握安全生产动态。

（3）查规章。检查规章制度是否齐全，是否落实执行。

（4）查现场。检查作业现场的工程质量和安全生产情况，包括各种安全设施是否齐全、合格，功能是否正常。

（5）查岗位。检查干部安全生产岗位责任制和工人岗位责任制及防止事故安全措施的贯彻执行情况。

（6）安全检查中要有评比，表扬先进，总结推广安全生产的经验。

2. 通风安全检查的依据及内容

（1）通风安全检查主要依据《煤矿安全规程》及有关的技术规范、标准和管理制度，根据本矿实际制订详细的检查内容或检查表。

（2）通风安全检查的内容主要有9项：

①通风系统。包括通风系统的完整性、合理性及风量和漏风。

②局部通风。风机的安装、风筒的使用及"三专两闭锁"。

③瓦斯检查。采掘工作面的瓦斯是否超限、超限后的处理情况、"一炮三检"和瓦斯排放制度等。

④安全监测。探头的布置、使用、维修、校正及人员管理。

⑤防突与瓦斯抽放。开采突出煤层的"四位一体"防治措施及瓦斯抽放设备的检查、记录、运行情况。

⑥防治自然发火。通风管理方面的措施、防火措施、火区管理。

⑦防治煤尘。防尘洒水管路使用及防止煤尘爆炸和隔爆措施。

⑧通风设施。位置的合理性、质量的标准性和使用的可靠性。

⑨管理制度。主要有机构、制度、牌板、报表和岗位责任制。

需要说明的是，煤矿的安全成绩是通过具体的安全工作干出来的，不是通过安全检查检查出来的。安全检查仅是一种手段。突击应付安全检查所取得的安全成绩是靠不住的。

第三节 矿井通风的有关报表

在矿井通风管理工作中，为衡量矿井通风管理水平，便于发现矿井通风中存在的问题，为矿井通风的发展积累原始数据资料，以及为上级通风管理机构提供决策依据和能够开展矿际通风工作竞赛，必须把通风检查的结果分别填入矿井通风报表中，并逐级上报。

目前，我国煤矿的"一通三防"通风报表主要有矿井通风月报表、局部通风月报表、矿井通风旬报表、风巷修护月报表、矿井瓦斯月报表、矿井防尘月报表、矿井防火月报表等。

矿井通风月报表中的主要参数有矿井总进风量、矿井的有效风量和有效风量率、矿井漏风率、矿井等积孔、通风机的静压效率等参数及各参数的测算。矿井通风月报表的编制见表 4-1。

局部通风月报表中主要填入掘进工作面的个数、局部通风机的使用管理情况、安全系列装备的使用管理状况、巷道贯通通风管理状况等内容。局部通风月报表的编制见表 4-2。

矿井通风旬报表要填入测风参数、采煤工作面和掘进工作面的通风状况、井下硐室的通风状况，以及整个采区的通风状况。矿井通风旬报表的编制见表 4-3。

风巷修护月报表中要填写巷道的支护形式、断面积、巷道长度及失修率、修护工作进展情况。风巷修护月报表的编制见表 4-4。

矿井瓦斯月报表应填写瓦斯检查情况、瓦斯积聚与排放情况、矿井瓦斯的涌出量和盲巷管理情况，具体见表 4-5。

矿井防尘月报表应填写矿井防尘水源、防尘管路系统、风流净化情况，矿井隔爆设施、注水设备及测尘仪表、采煤工作面及掘进工作面的防尘情况等内容，具体见表 4-6。

矿井防灭火月报表中应填写下列内容：注浆系统及注浆设备、发火煤层基本情况、防治自然发火情况、预防自然发火措施等情况。矿井防灭火报表的编制见表 4-7。

矿井"一通三防"报表的填写应按报表中所列的项目进行填写，数值为"0"者需填写"0"，不得留下空缺；空项需填写"—"号，有加减乘除或其他数学计算关系的，应经准确计算后再填写。在"一通三防"报表中还要附有矿井通风文字说明和矿井通风系统图，防尘、防灭火报表中也附有文字说明和系统图。

"一通三防"报表中所列项目是全面反映矿井通风现状的技术数据，它为日后的矿井通风管理工作提供可靠的基础资料，因此对"一通三防"报表的填写应当认真进行，并要注意下列问题：各种通风报表的填写要本着实事求是的原则据实填写，不得引用已用报表中的数据；更不允许弄虚作假填入脱离实际的虚假数据，在各种报表中要注明填写单位、填写日期和填写人姓名，以及矿总工程师、科（区）长、科（区）技术负责人的审阅签章。

表4-1 矿井通风月报表

200 年 月

项目 风井名称	矿井总进风量/(m³·min⁻¹)		总进风量比/%	矿井总排风量/(m³·min⁻¹)	矿井有效风量/(m³·min⁻¹)	矿井通风能力	外部漏风量/(m³·min⁻¹)	主备风机	通风机			电动机			实际功率/kW	电机负荷率/%	测压断面/m²	水柱计读数/Pa	风机静压/Pa	风机静效率/%	等积孔/m²	千瓦排风量/(m³·min⁻¹·kW⁻¹)	吨煤通风电耗/(kW·h·t⁻¹)	主风机能耗/(kW·h)	最大通风流程/m
	应进	实进							型号	转速/(r·min⁻¹)	风叶角/(°)	型号	转速/(r·min⁻¹)	功率/kW											
甲	1	2	3	4	5	6	7	8	9	10	11	12	13	14	15	16	17	18	19	20	21	22	23	24	25
矿井合计																									
风井								主																		
								备																		
风井								主																		
								备																		
风井								主																		
								备																		

表 4-1（续）

地点	不合理的通风（处）								风量不足/处	风速/处		温度超限/处	矿井有效风量分布		风门/（道/处）	风桥、风墙、测风站/（座、道）
	串联通风				下行风	扩散风	采空区风	采面局通风机供风		过低	超限		m³/min	%		
	一次	二次	串井	井串井												
乙	26	27	28	29	30	31	32	33	34	35	36	37	38	39	40	41
合计																

月末通风设施在籍数明细：

	风门				测风站	
	合计	自动通车门	不自动通车门		永久	临时
	风桥			密闭墙		
	合计	风道调节门	硐室调节门	合计	永久	临时
			行人门	挡风墙	永久	临时
其中	采煤					
	掘进					
	硐室					
	其他					

矿总工程师：　　科（区）长：　　科（区）技术负责人：　　制表人：　　填报日期：200　年　月　日

表4-2 局部通风月报表

200 年 月

项目（甲）	掘进工作面总个数	高瓦斯工作面个数	在用局部通风机/台 合计 台数	在用局部通风机/台 合计 功率/kW	其中 28/kW	其中 14/kW	其中 11/kW	其中 8/kW	其中 5.5/kW	其中 4/kW	供电 三专	供电 二双	供电 采掘分供	闭锁 风电闭锁	闭锁 瓦斯电闭锁	安全系列装备情况/个 局部通风机遥控	阻燃风筒	瓦斯监测	专职瓦斯员	综合防尘	隔爆水棚	局部通风机消音	乳化炸药	屏蔽电缆	巷道贯通处数
编号	1	2	3	4	5	6	7	8	9	10	11	12	13	14	15	16	17	18	19	20	21	22	23	24	25	26
合计																									
其中 煤巷																									
其中 半煤巷																									
其中 岩巷																									

矿总工程师：　　　科（区）长：　　　科（区）技术负责人：　　　制表：　　　填报日期：200 年 月 日

表 4-3 矿 井 通 风 旬 报 表

200 年 月 旬

测风地点	测风站点号	断面积/m²	风速/(m·min⁻¹)	风量/(m³·min⁻¹)	瓦斯浓度/% CH₄	瓦斯浓度/% CO₂	温度/℃

掘进工作面通风情况

工作面名称	煤岩别	设计 长度/m	设计 断面/m²	实际供风长度/m	使用局部通风机/kW	供风量/(m³·min⁻¹) 需要	供风量/(m³·min⁻¹) 实际	风筒出口风量/(m³·min⁻¹)	巷道风速/(m·s⁻¹)	温度/℃

采煤工作面通风情况

工作面名称	采煤方法名称	供风量/(m³·min⁻¹) 需要	供风量/(m³·min⁻¹) 实际	工作面风速/(m·s⁻¹) 最大	工作面风速/(m·s⁻¹) 最小	温度/℃

采区通风情况

采区名称	在采工作面个数	在掘工作面个数	硐室其他个数处数	需要风量/(m³·min⁻¹)	实际风量/(m³·min⁻¹)	风量比/%

硐室通风情况

硐室名称	需要风量/(m³·min⁻¹)	实际风量/(m³·min⁻¹)	温度/℃

科（区）长： 审核： 制表： 填报日期：200 年 月 日

表4-4 风 巷 修 护 月 报 表
200 年 月

风巷类别	在籍总长度/m	失修长度/m	失修率/%	其中:严重失修		本月修护/m	本年度累计修护/m	备注
				长度/m	失修率/%			
	1	2	3	4	5	6	7	8
甲								
合 计								
总回风巷								
主要回风巷								
采区回风巷								

严 重 失 修 风 巷 状 况

地 点	长度/m	支护形式	断面积/m²		基 本 状 况
			原断面	现断面	
乙	9	10	11	12	13

矿总工程师:　　　　科（区）长:　　　　科（区）技术负责人:　　　　制表:　　　　填报日期：200 年 月 日

表4-5　矿井瓦斯月报表

200　年　　月

项目	瓦斯处理														瓦斯检查情况													
	瓦斯积聚(次/处)	密闭		排放/(次/处)											采煤工作面/个					掘进工作面/个					机电硐室		总回风巷定期检查/条	采区回风道定期检查/条
		永久/处	临时/处	按地点分					按原因分						总个数	其中				总个数	其中				总个数	定期检查/个		
				合计	采煤面	掘进头	盲巷	其他	通风不良	停电		采煤面上隅角	盲巷	其他		机采面	炮采面	固定专人	一炮三检		机掘	炮掘	固定专人	一炮三检				
										有计划	无计划																	
甲	1	2	3	4	5	6	7	8	9	10	11	12	13	14	15	16	17	18	19	20	21	22	23	24	25	26	27	28
矿井合计																												

风井名称	本月实际产量/万t	瓦斯含量/%		矿井瓦斯涌出量				盲巷情况							封闭情况/处			设置栏/处
				绝对涌出量/($m^3 \cdot min^{-1}$)		相对涌出量/($m^3 \cdot t^{-1}$)		上月末在籍/处	本月新发生/处	本月处理/处				本月末在籍/处	已封闭	其中		
		CH_4	CO_2	CH_4	CO_2	CH_4	CO_2			合计	贯通	恢复通风	回收报废			永久	临时	
乙	29	30	31	32	33	34	35	36	37	38	39	40	41	42	43	44	45	46
矿井合计																		
风井							瓦斯预报											
风井																		
风井																		

矿总工程师：　　　　　科（区）长：　　　　　科（区）技术负责人：　　　　　制表：　　　　　技术负责人：　　　　　填报日期：200　年　月　日

表4-6 矿井防尘月报表

200 年 月

上表

项目（甲）	防尘系统/条				防尘管路/m						转载点喷雾（自动/手动）							三级风流净化（自动/手动）							三通阀门/个
	合计	其中			合计	其中					合计	其中				尚缺	合计	一级		二级		三级		尚缺	
		钻孔水	静压水	动压水		钢管			胶管	塑管		采煤	掘进	采区	其他			总进	总回	采区进	采区回	采面掘进进	采面掘进回		
						φ≥100	φ≥50	φ<50																	
	1	2	3	4	5	6	7	8	9	10	11	12	13	14	15	16	17	18	19	20	21	22	23	24	25
本月新增																									
本月拆除																									
月末在籍																									

回采工作面防尘情况 防尘措施/项

项目（乙）	工作面个数	煤层注水	水打眼	干打眼外喷	爆破前洒水	爆破后洒水	水炮泥	爆破喷雾		煤机喷雾			降尘剂	架下水幕
								合计	其中:自动	内	外			
	26	27	28	29	30	31	32	33	34	35	36	37	38
合计														
其中:综采														
机采														
炮采														
联采														

掘进工作面防尘情况 防尘措施/项

项目（丙）	工作面个数	水冲洗	打眼水	爆破喷雾	装岩洒水	风筒净化器			机掘		除尘风机/台	其中:大于6m²平巷掘机掘	锚喷		其中	
						内喷	外喷		应装台数	实装台数			工作面数	潮喷	除尘器	气井机
	39	40	41	42	43	44	45	46	47	48	49	50	51	52	53	54
合计																
其中:煤巷																
半煤巷																
岩巷																
联采掘进																

矿总工程师：　　科（区）长：　　科（区）技术负责人：　　制表：　　填报日期：200 年 月 日

表4-7 矿井防灭火月报表

200 年 月

注浆系统及装备

项目	注浆站名称	注浆方式	注浆能力/(m³·h⁻¹)	注浆材料	注浆管路/m 应设	实设	其中 φ150	φ100	φ75	φ50	注浆泵/台	清水泵/台	浆池(m³)/个数	水池(m³)/个数	搅拌机/台	水枪/台	注氮装备/套
	1	2	3	4	5	6	7	8	9	10	11	12	13	14	15	16	17
甲																	
矿井合计																	

防火、发火、灭火

项目	矿井发火危险程度	防火 注浆面个数 本月 黄土	粉煤灰	累计 黄土	粉煤灰	预防性注浆/m³ 本月 黄土	粉煤灰	累计 黄土	粉煤灰	其他防火措施面个数 气雾阻化	均压	液氮	高冒/个	发火 发火次数 已处理 在籍	已处理	累计 本月	累计	其中 采空区	回采区	巷道	外因 高冒/处	外因	封闭采区/个	影响煤量/10⁴t	冻结煤量/10⁴t	本期发火率/(次·Mt⁻¹)	灭火 消灭火区/处	解放煤量/10⁴t区	注浆土/万m³	残存火区 冻结煤处数	冻结煤量/10⁴t
	18	19	20	21	22	23	24	25	26	27	28	29	30	31	32	33	34	35	36	37	38	39	40	41	42	43	44	45	46	47	48
乙																															
矿井合计																															

第五章　煤矿重大事故隐患及事故处理

第一节　煤矿重大事故隐患

近年来，我国煤矿安全生产形势确在好转，但还面临着一些新情况、新问题，我国煤矿安全事故仍然处于高发态势，重、特大事故尚未得到有效遏制。如 2012 年攀枝花市西区正金工贸有限责任公司肖家湾煤矿发生瓦斯爆炸事故，2013 年吉林八宝煤矿发生瓦斯爆炸事故，2015 年山西 "4·19" 煤矿发生透水事故等。这些事故不仅造成人民群众生命财产的巨大损失和环境灾害，而且还制约着矿业生产的发展，乃至整个国民经济和社会的可持续发展，严重影响到和谐社会的构建。因此，减少煤矿重特大事故的发生和降低事故损失，仍然是当前煤矿安全工作的重点。

现代煤矿生产系统越来越复杂，含有人员、设备、物质及作业环境等要素，而事故的发生是许多要素相互作用的结果。从这些发生在大中型煤矿中的重特大事故可以看出，煤矿事故预防是一项涉及多方面的系统工程，仅仅依靠安全技术并不能实现煤矿安全生产的长治久安。表面上看煤矿生产系统是一个人造系统，但其绝不是一个机器，里面有很多主导和影响其运转的人的活动。在事故的发生与预防中，人的因素（个体与组织层面）占有特殊的位置。人既是事故中的受伤害者，又往往是肇事者，同时也是预防事故、搞好安全生产的生力军。在所有导致我国煤矿重大事故的直接原因中，人因所占比率实际上高达 97.67%，重大瓦斯爆炸事故中的人因比率达 96.59%，对国有重点煤矿而言，人因事故比率占 89.02%。因此，除了继续加强对安全技术的关注外，还必须从安全管理的视角，考虑人及其所处的群体（组织因素）对生产系统、事故所产生的作用。鉴于此，有必要深入探讨事故隐患的概念、分级和隐患的闭环管理，指出煤矿中的事故隐患的原因及治理对策，为预防煤矿事故提供理论参考，以期提高煤矿的事故预防控制水平及安全管理水平。

一、事故隐患的定义及分类分级

1. 事故隐患的定义

事故隐患泛指生产系统中可导致事故发生的人的不安全行为，物的不安全状态和管理上的缺陷。而根据《安全生产事故隐患排查治理暂行规定》（国家安全监督管理总局令16号），对事故隐患做了如下定义，事故隐患是指生产经营单位违反安全生产法律、法规、规章、标准、规程和安全生产管理制度的规定，或者因其他因素在生产经营活动中存在可能导致事故发生的物的危险状态、人的不安全行为和管理上的缺陷。

2. 事故隐患的分类

事故隐患分为一般事故隐患和重大事故隐患。一般事故隐患，是指危害和整改难度较小，发现后能够立即整改排除的隐患。重大事故隐患，是指危害和整改难度较大，应当全部或者局部停产停业，并经过一定时间整改治理方能排除的隐患，或者因外部因素影响致使生产经营单位自身难以排除的隐患。

3. 重大事故隐患的分级

目前，国家对于重大事故隐患的分级并没有明确的统一标准，但在个别省、市已经发布有相关的参考分级标准，一般把重大事故隐患分为四级，具体如下：

（1）一级重大事故隐患是指可能造成特别重大事故的隐患，即：

①可能造成30人以上死亡或者100人以上重伤的（包括急性中毒，下同）；

②可能造成1亿元以上直接经济损失的；

③可能造成全省乃至全国范围内的重大影响、整改时间达到或超过一年、投入资金超过5000万元的。

（2）二级重大事故隐患是指可能造成重大事故的隐患，即：

①可能造成10人以上30人以下死亡或者50人以上100人以下重伤的（包括急性中毒，下同）；

②可能造成5000万元以上1亿元以下直接经济损失的；

③可能造成市（州）乃至全省范围内的重大影响、整改时间在300天以上一年以下、投入资金在1000万元以上5000万元以下的。

（3）三级重大事故隐患是指可能造成较大事故的隐患，即：

①可能造成3人以上10人以下死亡或者10人以上50人以下重伤的；

②可能造成1000万元以上5000万元以下直接经济损失的；

③可能造县（市）乃至周边地区范围内的重大影响、整改时间在180天以上300天以下、投入资金在100万元以上1000万元以下的。

（4）四级重大事故隐患是指可能造成一般事故的隐患，即：

①3人以下死亡或者10人以下重伤的；

②可能造成1000万元以下直接经济损失的；

③可能造成事发地范围内的重大影响、且整改时间在30天以上180天以下、投入资金在10万元以上100万元以下的；

④对 10 天以上不能完成整改的一般隐患。

各煤矿企业可以参照以上述分级标准或者其他已颁布的地方性规定等，在确定重大隐患的等级时，按判定级别的三种要素条件（人身伤亡、财产损失、社会影响）进行判定，达到其中任意一种最严重的要素条件，且整改时间、投入资金达到相应数量的，即判定为相应的重大隐患级别；重大事故隐患分级确定后，可以明确负责不同等级事故隐患的治理、督办和验收等工作的责任单位和责任人员。

二、煤矿重大事故隐患的判别

早在 1995 年，原劳动部《重大事故隐患管理规定》对重大隐患事故的评估、组织管理、整改等要求做了具体的规定，并明确规定重大事故隐患是指可能导致重大人身伤亡或者导致重大经济损失的事故隐患，根据作业场所、设备及设施的不安全行为和管理上的缺陷可能导致事故损失程度分为重大和特别重大两级管理。国务院 2005 年 9 月 3 日颁布了"国务院关于预防煤矿生产安全责任事故的特别规定"（以下简称《特别规定》），《特别规定》中列举了危及煤矿安全生产的 15 种危害和行为。为了准确认定，及时清除重大安全生产隐患的违法行为，国家安全生产监督管理总局和国家煤矿安全监察局，于 2015 年对原有《煤矿重大安全生产隐患认定办法（试行）》重新修订，颁布了《煤矿重大生产安全事故隐患判定标准》（国家安全监督管理总局令 85 号），把煤矿重大事故隐患分为以下 15 个方面：

（1）超能力、超强度或者超定员组织生产。

（2）瓦斯超限作业。

（3）煤与瓦斯突出矿井，未依照规定实施防突出措施。

（4）高瓦斯矿井未建立瓦斯抽采系统和监控系统，或者不能正常运行。

（5）通风系统不完善、不可靠。

（6）有严重水患，未采取有效措施。

（7）超层越界开采。

（8）有冲击地压危险，未采取有效措施。

（9）自然发火严重，未采取有效措施。

（10）使用明令禁止或者淘汰的设备、工艺。

（11）煤矿没有双回路供电系统。

（12）新建煤矿边建设边生产，煤矿改扩建期间，在改扩建的区域生产，或者在其他区域的生产超出安全设计规定的范围和规模。

（13）煤矿实行整体承包生产经营后，未重新取得或者及时变更安全生产许可证而从事生产，或者承包方再次转包，以及将井下采掘工作面和井巷维修作业进行劳务承包。

（14）煤矿改制期间，未明确安全生产责任人和安全管理机构，或者在完成改制后，未重新取得或者变更采矿许可证、安全生产许可证和营业执照。

（15）其他重大事故隐患。

三、煤矿重大事故隐患产生的原因分析

煤矿作为一个复杂的系统来说，其事故隐患的产生存在于各个子系统中，当发现事故隐患时，在未发生事故之前，找出煤矿事故隐患产生的原因，采取有针对性的措施进行治理是降低煤矿事故的途径之一。

以 2011 年某煤矿安全现状评价为例，通过整个现状评价，共发现事故隐患 1223 项，其中 92 项为重大事故隐患。评价现场勘查发现的事故隐患中，通风瓦斯、水患、机电运输数量最多，重大事故隐患也是这三项最多，主要表现在：通风系统不合理不独立，违反规定串联通风；风门、风桥、密闭等通风设施构筑质量不符合标准、设置不能满足通风安全需要；瓦斯传感器设置数量不足、安设位置不当、调校不及时；矿井防突管理人员和技术人员不足；瓦斯检查员配备数量不足；未查明矿井水文地质条件和采空区、相邻矿井及废弃老窑积水等情况；矿井水文地质条件复杂没有配备防治水机构或人员；未按规定设置主要水仓等防治水设施和配备有关技术装备、仪器；供电系统未实现双回路供电；使用明令禁止或者淘汰的绞车等设备。

通过安全评价、各类安全检查及技术服务过程中，对各种经营类型、规模、安全条件、生产建设环境条件不同的煤矿进行现场检查、勘察，并对煤矿业主、管理人员、技术人员、基层岗位职工进行沟通和交流，归纳出事故隐患的产生有如下原因：

（1）安全生产基础薄弱。一是煤矿安全投入不到位。由于建设资金不能及时到位，导致有关安全设施没有完全按照设计建成，矿井安全设施不全或有缺陷，抗灾能力弱。二是煤矿管理人员、工人素质较低，技术人员缺乏。由于属高危行业、条件艰苦，专业技术人员和技工招聘很困难，煤矿特别是小煤矿职工大多数是招收农民工，文化素质较低，流动性又大，掌握安全知识、安全技能较差，安全责任意识也低。

（2）煤矿安全技术基础薄弱，专业技术人员缺乏，技术资料缺乏。一是对煤炭行业和安全生产有关法律法规、技术标准、规范规定不了解、不熟悉、不能准确应用于煤矿生产建设，导致安全设施设备的建设达不到标准要求或不完善，或者生产中不能规范使用，或者安全生产技术资料、安全技术措施不全、存在错误和漏洞，产生事故隐患。二是安全条件资料、安全技术基础资料缺乏。如没有水害调查资料、水文地质类型划分报告，未进行突出危险性鉴定和瓦斯参数测定，未编制专项防突设计；矿井防治水资料不全，无瓦斯抽放参数，无钻孔设计和竣工资料等。

（3）部分煤矿未严格执行建设项目"三同时"的规定，安全投入不到位，或对煤矿

基本建设程序不熟悉，顾此失彼，有关安全设施没有完全按照施工组织设计的顺序如期建成。

（4）部分煤矿管理混乱。一是安全管理机构不全或虚设；二是安全生产管理制度、安全生产责任制、安全操作规程、安全技术措施、事故应急救援预案不健全不完善；三是安全生产管理执行不力，现场管理松懈，"三违"现象普遍，安全措施执行不到位，很多事故隐患均为班、队长及现场作业人员违章指挥和违章作业造成。四是隐患排查治理不重视，对排查出的隐患不及时落实整改，对存在的重大隐患不治理、不上报。

（5）部分安全设施的施工质量不符合要求，如通风设施质量差、设置不合理或维护管理不善；瓦斯抽放钻孔施工质量差、封孔质量差；水仓水泵房及其附属设施施工质量差，或设置不合理；提升运输的跑车防护装置质量差等。

（6）部分煤矿自然灾害严重，安全生产条件比较差，治理中顾此失彼。如有的煤矿为突出矿井，近距离煤层开采，各煤层煤又有自燃倾向性，在生产作业时易产生事故隐患。一些小煤矿煤层地质构造复杂，埋藏深，顶板应力大，没有足够的技术能力开采，各种安全设施设备不足，瓦斯抽放效果达不到生产需要。

总之，煤矿事故隐患产生的原因主要还是煤矿本身安全生产基础薄弱、安全投入不足、安全生产管理不到位、违章甚至违法生产建设造成，同时也涉及自然存在的安全条件、技术服务机构等方方面面。煤矿作为安全生产的主体，必须贯彻执行《中华人民共和国安全生产法》，排除盲目追求产量和经济效益思想，牢固树立"安全第一、安全是最大的效益"的思想，积极采取各种预防措施。同时事故隐患排查治理工作要坚持"安全第一、预防为主、综合治理"的方针。

四、煤矿重大事故隐患治理

1. 煤矿重大事故隐患上报及督办

煤矿企业在生产过程中发现事故隐患时，应根据事故隐患的类别、级别等情况逐级上报，在《煤矿生产安全事故隐患排查治理制度建设指南》（安监总厅煤行〔2015〕116号）第七条也有明确要求，"煤矿企业和煤矿应当建立事故隐患记录报告工作机制，及时记录排查发现的事故隐患，并逐级上报本企业相关部门"。但是，目前事故隐患上报并没有统一的规定，尤其对于一般事故隐患，其上报程序大多均由企业根据自身情况确定。对于煤矿重大事故隐患，国家安监总局的《煤矿重大事故隐患治理督办制度建设指南》（以下简称督办指南），以及部分省份出台了相关的规定，其中在《督办指南》中有相关规定，煤矿企业上报的重大事故隐患，共包含两个部分，其一为重大事故隐患信息，主要包括：隐患的基本情况和产生原因；隐患危害程度、波及范围和治理难易程度；需要停产治理的区域；发现隐患后采取的安全措施。其二为重大事故隐患治理方案，主要包括：治理的目标和任务；治理的方法和措施；落实的经费和物资；治理的责任单位和责任人员；治理的时限、进度安排和停产区域；采取的安全防护措施和制定的应急预案。各地区煤矿安全监管部门应当监督煤矿企业严格执行重大事故隐患报告制度，并且在重大事故隐患确认后，及时向隐患治理单位下达重大事故隐患治理督办通知书，督办通知书应当包括：重大事故隐患基本情况，治理方案报送期限，治理进度定期报告要求，治理完成期限，停产区域和治理期间的安全要求及督办销号程序。

2. 煤矿重大事故隐患排查治理

煤矿重大事故隐患的排查应根据生产工作任务、工作环境以及外部预警信息等内容，确定自身的隐患排查内容及频次，隐患排查的责任主体应自上而下，覆盖所有职责岗位；排查的内容应覆盖所有可能发生重大隐患的各类危险源。凡排查出的重大事故隐患，应实行挂牌督办制度，在存在重大事故隐患的煤矿企业或煤矿，制作重大事故隐患警示牌，悬挂在煤矿井口的醒目位置。警示牌应标明重大事故隐患的存在场所、隐患主要内容、停产区域、治理期限、治理和验收责任人等内容。

煤矿事故重大隐患一旦确认，应按照定隐患、定措施、定资金、定时限、定责任人的"五定"原则限期整改。煤矿企业或煤矿应根据自身实际，对重大事故隐患分级，并确定相应级别的整改责任人，按照闭合管理的流程进行整改处理。重大隐患"闭合管理"流程，按照排查—汇报（填卡）—通知—反馈—验收—销号操作程序运行，排查出的隐患按照不同级别确定不同处理时限。重大事故的隐患整改，必须按照"谁验收、谁签字、谁负责"的原则，提出验收复查意见，并签字存档备查。

第二节　煤矿事故的处理

一、矿井火灾事故的处理

火灾事故的特点是突然发生、来势迅猛，发生的时间与地点出人意料。正是由于这种突发性和意外性，常会使人们惊惶失措以致酿成恶性事故。因此，从领导到群众，对待每一场火灾都要从思想上予以足够的重视，绝不能麻痹大意。灭火行动时一定要果断迅速，不能犹豫不决，更不允许迟疑拖拉、坐失良机。

（一）处理矿井火灾事故的要点

最先发现火灾的人员一定要采取一切可能的方法直接灭火，并迅速向矿井调度室报告火情，矿井调度室值班人员应立即按照《矿井灾害预防和处理计划》通知矿井负责人和各方有关人员；领导在接到报警通知后，要按照《矿井灾害预防和处理计划》及火灾实情行事，即实施紧急应变措施（停电撤人），立即召请救护队，建立抢救指挥部，制订救人灭火对策。在制定对策时，要设法避免火风压引起风流紊乱和产生瓦斯煤尘爆炸，造成事故扩大。

1. 撤出及救护灾区人员

火灾发生后，灾区人员必须按照《矿井灾害预防和处理计划》中所规定的路线撤出矿井，而受火灾威胁的人员也要迅速离开危险区。为此，井下人员必须熟悉避灾路线。为了容易辨别方向，可以设置通往安全出口的路标（如指示牌、指示灯等），以便较快地组织人们按规定的路线撤出。

2. 侦察火区

火灾发生后，应立即派出矿山救护队和辅助救护队人员侦察火区。首先侦察是否有遇难人员，弄清火源的地点、火灾的性质及火灾的范围，为采取有效的灭火措施提供依据。

3. 切断火区电源

切断火区电源并派专人检测瓦斯，观察顶板动态，注意风流的变化，防止事故扩大。

4. 稳定风流

稳定风流就是在矿井发生火灾时，设法确保矿井正常风流方向不变或使风流按照救灾需要的方向流动。实践证明，当矿井发生火灾时，正确地稳定风流对保证井下人员安全撤出、防止瓦斯爆炸、阻止火灾和烟气蔓延扩大，以及对灭火工作都是十分重要的。

（二）矿井灭火的方法

消灭矿井火灾的实质是针对矿井火灾发生的 3 个必要条件，即引火热源、可燃物及空气，采取消除其中一个、两个或全部因素的方法，从而达到消灭矿井火灾的目的。常用的方法有 3 种，即直接灭火法、隔绝灭火法和混合灭火法。

1. 直接灭火法

直接灭火法一般是在火灾初期，火势范围不大，瓦斯、煤尘等其他新发事故危险性不高的情况下，且具备条件（如有水、砂子或岩粉、化学灭火器等），在火源附近直接扑灭火灾或挖出火源的方法。

1）用水灭火

强力水流可把燃烧物的火焰压灭，使燃烧物充分浸湿而阻止其继续燃烧。水有很大的吸抽能力，能使燃烧物冷却降温；水遇火蒸发成大量水蒸气，能冲淡空气中氧的浓度，并使燃烧物表面与空气隔绝。因此，水有较强的灭火作用。

用水灭火的注意事项：

（1）供水量要充足，否则高温火源会使水分解成具有爆炸性的氢和一氧化碳混合气体（又称水煤气），带来新的危险。

（2）确保正常通风，使排除火烟和水蒸气的风路畅通。

（3）当火势旺时，应先将水流射向火源外围，不要直射火源中心。

（4）水能导电，因此，用水扑灭电器火灾时应先切断电源，然后灭火。

（5）水比油重，因此，水不能扑灭油类火灾。

经验证明，在井筒和主要巷道中，尤其是在带式输送机巷道中装设水幕，当火灾发生后立即启动水幕，能很快地限制火灾的发展。

2）用砂子（或岩粉）灭火

把砂子（或岩粉）直接撒在燃烧物体上能隔绝空气，将火扑灭。通常用来扑灭初起的电气设备火灾与油类火灾。

砂子成本低廉，灭火时操作简便。因此，在机电硐室、材料仓库、爆炸材料库等地方均应设置防火砂箱。

3）用化学灭火器灭火

目前煤矿上使用的化学灭火器有两类：一类是泡沫灭火器；另一类是干粉灭火器。

（1）泡沫灭火器。使用时将灭火器倒置，使内外瓶中的酸性溶液和碱性溶液互相混合，发生化学反应，形成大量充满二氧化碳的气泡喷射出去，覆盖在燃烧物体上从而隔绝空气。在扑灭电器火灾时，应首先切断电源。

（2）干粉灭火器。目前矿用干粉灭火器是以磷酸铁粉末为主药剂。粉末进行一系列分解吸热反应，将火灾扑灭。磷酸铁粉末的灭火作用是：切断火焰连锁反应，分解吸热使燃烧物降温冷却；分解出氨气和水蒸气，冲淡空气中氧的浓度，使燃烧物缺氧熄灭；分解出糊糊状的五氧化二磷，覆盖在燃烧物表面上，使燃烧物与空气隔绝而熄灭。因此，磷酸铁粉末具有多种灭火功能，是一种新型的灭火药剂。我国已经生产的适合于煤矿井下使用的干粉灭火器有灭火手雷和喷粉灭火器两种。

4）用高倍数空气机械泡沫灭火

高倍数空气机械泡沫是用高倍数泡沫剂和压力水混合，在强力气流的推动之下形成的。它的形成借助于一套发射装置。

5）挖除火源

将已燃煤炭挖出来运往地面是消除煤炭自燃火灾的一种可靠方法，但是这种方法只能在人员能接近火源并且火源范围不大时使用。

挖除火源前应先用大量的水喷浇，使火源冷却后再逐步挖出，最后将挖出的空洞用不燃材料充填起来。在瓦斯矿井中，挖除火源是比较危险的工作，因此，必须随时检查瓦斯浓度和温度，采取必要的安全措施。我国淮南大通煤矿、南票邱皮沟煤矿均使用此法多次扑灭自燃火灾。

2. 隔绝灭火法

隔绝灭火法是在直接灭火法无效时采用的灭火方法，它是在通往火区的所有巷道中构筑防火密闭墙，阻止空气进入火区，从而使火逐渐熄灭。隔绝灭火法是处理大面积火区，特别是控制火势发展的有效方法。

隔绝灭火法主要是构筑防火墙。对防火墙的要求是构筑要快、封闭要严、防火墙要少、封闭范围要小等。

根据防火墙所起的作用不同，可分为临时防火墙、永久防火墙及耐爆防火墙等。

1）临时防火墙

临时防火墙的作用是暂时遮断风流，防止火势发展，以便采取其他灭火措施。目前现场使用的临时防火墙是用浸湿的帆布、木板或木板夹黄土等构筑而成。

近些年来，随着科学技术的发展，国内外又研制推广了一些新型的快速临时防火墙，如泡沫塑料快速临时防火墙、气囊快速临时防火墙及石膏防爆防火墙等。

（1）泡沫塑料快速临时防火墙是以聚醚树脂和多异氰酸酯为基料，另加几种辅助剂，分成甲、乙两组按一定的配比组合，经强力搅拌，由喷枪喷涂在防火墙衬底上，几秒钟内即发泡成型并硬化为泡沫塑料层，如此连续喷涂便可迅速形成严密的防火墙。

泡沫塑料具有质轻防潮、抗腐蚀、耐燃及成型快等特点，一般用其做临时防火墙或永久防火墙涂料。

（2）气囊快速临时防火墙又称充气密闭，是一个由柔性材料（塑料、尼龙等）制成并充满压气（惰性气体或空气）的柔性容器。将其设置在巷道中堵塞巷道，具有其他密闭的同样作用。由于充气密闭的安设和拆除仅是充气和放气，因此，操作简单、速度快又能够重复使用。如果气囊材料具有足够的强度，还能承受一定的爆炸冲击波。我国冶金系统研制的球形充气密闭取得了较好的密闭效果。

（3）石膏防爆防火墙是以石膏为基料，另加些助凝剂，在喷射机内搅拌喷灌成型的一种防火墙。喷灌后半小时即可凝固承压，其厚度一般为 0.5~1.0 m，构筑后 1~2 h 即可起到防爆作用。近年来，国外将其与惰性气体灭火配套使用。

2）永久防火墙

永久防火墙的作用在于长期严密地隔绝火区，阻止空气进入，因此要求防火墙坚固、密实。根据使用的材料不同可分为木段防火墙、料石或砖防火墙及混凝土或钢筋混凝土防火墙等。

（1）木段防火墙是用短木（0.7~1.5 m）和黏土堆砌而成，适用于地压比较大而且不稳定的巷道。

（2）料石或砖防火墙是用料石或砖及水泥砂浆等砌筑而成，适用于顶板稳定、地压不大的巷道。为了增加耐压性，可以在料石或砖中加木块。

（3）混凝土或钢筋混凝土防火墙。当对隔绝密闭防火墙的不透气性、不透水性、耐热性及矿山压力稳定性提出更高要求时，就要砌筑混凝土或钢筋混凝土防火墙。混凝土防火墙抗压性好，而钢筋混凝土防火墙不但抗压性好，而且抗拉性也强。

砌筑永久性防火墙时，要在墙周围巷道壁上挖 0.5~1 m 深的槽。为增加密闭的严密性，可在防火墙外侧与槽的四周抹一层黏土、砂浆或水玻璃、橡胶乳液等。巷道壁上的裂隙要用黏土封堵，防火墙内外 5~6 m 内应加强支护。在墙的上、中、下 3 个部位插入直径为 35~50 mm 的铁管作为采取气样、检查温度及放出积水之用。铁管外口要严密封堵，以防止漏风。

3）耐爆防火墙

在瓦斯矿井封闭火区时，为了防止瓦斯爆炸伤人，可以首先构筑耐爆防火墙。耐爆防火墙是由砂袋或土袋堆砌而成。在水砂充填矿井，也可以用水砂充填代替砂袋，构筑水砂充填耐爆防火墙。耐爆防火墙构筑长度不得小于 5~6 m，在耐爆防火墙掩护下再构筑永久性防火墙。

4）建立防火墙的顺序

在火区无瓦斯爆炸危险的情况下，应先在进风侧新鲜风流中迅速砌筑密闭，遮断风流，控制和减弱火势，然后再封闭回风侧，在临时密闭的掩护下构筑永久防火墙。主要密闭应建在火源所在的主干风路中（密闭与火源之间无旁侧风道）。如果这种要求难以达到，则应首先把旁侧风流密闭起来，然后再密闭主干风路，以免在旁侧风路产生风流逆转和引起瓦斯爆炸。在下行风路中发火时，应首先密闭旁侧风道，暂时加大火源所在风路的风量，防止风流逆转，需要时再在火源所在的风道中建造密闭。在火区有瓦斯爆炸危险的情况下，应首先考虑瓦斯涌出量、封闭区的容积及火区内瓦斯达到爆炸浓度的时间等因素，慎重考虑封闭顺序和防火墙的位置。通常在进、回风侧同时构筑防火墙以封闭火区。

5）建立防火墙的注意事项

对封闭有瓦斯爆炸危险的火区，构筑防火墙时应注意下列问题：

（1）火区内不能存在风流逆转的条件，否则可能发生瓦斯爆炸。

（2）火源前方不能有瓦斯源存在（老空区、工作面等），否则也可能发生瓦斯爆炸。

（3）要采取防爆措施，如构筑耐爆墙、装防爆门及撤人等。

隔绝灭火法是以严密的防火墙遮断空气进入火区而灭火的。但是，不漏风的墙是没有的。因此，将火区封闭后，放在一边不再进行处理是不行的，往往会造成火长期不灭。所以，在隔绝火区之后，还要采取其他措施，促使火早日熄灭。

3. 综合灭火法

综合灭火法就是先用防火墙将火区封闭，然后再采取其他灭火手段，如灌浆、调节风压和充入惰性气体等加速火的熄灭。调压灭火与调压防火的道理相同，灭火灌浆与预防性灌浆的道理也一样。现将充入惰性气体混合灭火的情况介绍如下。

惰性气体是一类很难同其他物质发生反应的气体，是很好的阻燃剂。煤矿用作灭火的惰性气体有氮气、二氧化碳、炉烟等气体。惰性气体的灭火作用是将其充入封闭的火区以排挤火区空气、降低氧含量、冷却火源、增加火区内气压、减少新鲜空气漏入火区，惰性气体渗入煤、岩孔隙内，阻止可燃物氧化，将火熄灭。由于惰性气体扑灭的火区恢复生产容易，对设备损坏少，故有广泛的发展前途。

1959 年在我国盛行一时的炉烟灭火，可谓惰性气体灭火的雏形。后来在某些矿区使用的干冰灭火（即固体二氧化碳，其外观与冰相似，能直接变成二氧化碳气体）、液氮灭火、湿式惰性气体灭火都是以惰化火区空气、窒息火源为基本原理的灭火方法。

液氮灭火有两种形式，一是在地面建立氮气化系统。将用大型液氮槽车由制氧厂运来的液氮气化后，借助于气化压力或压缩泵，通过水泵充填管路或专用胶管送往井下火区；二是将液氮用小型槽车运往井下，直接喷入火区灭火。

（三）处理火灾时的通风方法及其选择

火灾时风流调度正确与否对灭火救灾的效果起着决定性的作用。因此，在处理火灾事故时，在弄清火灾性质、发火位置、火势大小、火灾蔓延方向和速度、遇险人员的分布及其伤亡情况、灾区风流（风量大小及其流向）及瓦斯浓度等情况后，要正确地选择通风方法。

1. 火风压控制

在发生明火火灾时，必须全面考虑火灾的发生地点及其在整个通风系统中的地位，预计火风压的影响范围，及早撤出受威胁地区的人员，并采取稳定风流的措施，防止风流逆转。控制火风压的方法包括积极灭火、风流控制。

火灾发生在分支风流中时，应维持主要通风机原来的工作状态，特别是在救人灭火阶段，不能采取减风或停止主要通风机运转的措施。在多风机抽出式通风矿井，除了在进风井筒及其井底发生火灾外，其他情况都不能把承担排烟任务的那台风机停转。如果火灾发生在上行风流时，在有些情况下，把其他的无火烟流经的风机停转可能更有利些。

2. 处理火灾时常用的通风方法

处理火灾时常用的通风方法有正常通风、增减风量、火烟短路、反风、停止主要通风机运转等。无论采用何种通风方法，都必须满足一系列基本要求：

（1）保证灾区和受威胁区人员的安全撤退。

（2）防止火灾扩大，创造接近火源直接灭火的条件。

（3）避免火灾气体达到爆炸浓度，避免瓦斯通过火区，避免瓦斯、煤尘爆炸。

（4）防止出现再生火源和火烟逆转。

（5）防止产生火风压造成风流逆转。

扑灭井下火灾时，抢救指挥部应根据火源位置、火灾波及范围、遇险或受威胁人员的分布情况，迅速而慎重地决定通风方法。

1）正常通风

保持火灾时期正常通风都是以抢救遇险人员、防止发生爆炸事故和创造直接灭火条件为前提的。每一个救灾指挥员在没有理由对矿井通风系统进行调整的情况下，一般都应采取正常通风，特别是在以下情况时更应如此。

（1）矿井火灾的具体位置、范围、火势、受威胁地区等没有完全了解清楚。在火区情况不清楚的情况下，盲目地实施调风措施，很有可能造成火灾气体向其他区域扩散，使那些本不应受到火灾威胁的区域出现有害气体，甚至出现火患。因此，必须在保持正常通风的情况下尽快查明火情，以便于科学地组织抢救遇险人员和灭火。

（2）火源的下风侧有遇险人员尚未撤出或不能确认遇险人员是否已牺牲，且矿井又不具备反风和改变烟流流向的条件。

矿井火灾尽管发展迅速，但其也有一个变化过程。在此过程中，火源点下风侧的 CO 气体、烟雾逐渐增大，氧含量逐渐下降。单纯从灭火角度来讲，减少向火区的供风量可以起到抑制火势的作用，但不可避免地将造成火源下风侧有害气体增高、氧含量降低。因此，在火源下风侧人员尚未完全撤出或者还没有确认该区域人员是否已牺牲的情况下，至少应保持正常通风，以确保在一定时间内火源下风侧有一个温度、氧气都能满足遇险人员生存或佩用自救器生存的环境，以便其自行撤出或救护人员进入回风侧抢救。

（3）火灾发生在矿井总回风巷或者发生在比较复杂的通风网络中，改变通风方法可能会造成风流紊乱、增加人员撤退的困难、出现瓦斯积聚等后果。

矿井通风系统是由各种不同巷道连接而成的复杂网络，各用风地点的配风量都是按冲淡有毒、有害气体，供人员呼吸等来设计的。在矿井总回风巷和复杂的通风网络中发生火灾，如随意改变通风方法，必然会导致系统中有些巷道风量增加，有些巷道风量减少，受灾范围扩大。在高瓦斯矿井更有可能引起瓦斯局部积聚，引发瓦斯爆炸事故。因此，在这种情况下也应保持正常通风。

（4）采煤、掘进工作面发生火灾且实施直接灭火。

目的是维持工作面通风系统的稳定性，以确保工作面内的瓦斯正常排放，并使灭火过程中所产生的水蒸气和火灾气体得以顺利排除，为直接灭火人员创造安全的工作环境。

（5）减少火区供风量有可能造成火灾从富氧燃烧向富燃料燃烧转化。当矿井火灾有转化为富燃料火灾的可能性时，首先应保持正常通风。矿井火灾转化为富燃料火灾的征兆，具体地说有以下 4 种情况：

①火源点燃烧温度足够高，炽热烟气使下风侧可燃物分解出大量挥发性可燃气体（如碳氢化合物和氢气）和煤焦油等，以保持燃烧迅速发展。

②下风侧烟气中的氧浓度低于维持燃烧所需要的最小助燃浓度。

③由于巷道下风侧不同程度的阻塞，造成热量和炽热气体、煤焦油等有积存条件，且由于烟气膨胀产生节流效应，使高温烟流有向上风侧逆退的趋势。

④回风流中 CO_2、CO 气体连续增大，且速度很快。出现富燃料燃烧征兆时，除非有充分的减风、停风理由，否则必须维持火区正常通风或增大风量。

2）减少风量

当采用正常通风方法会使火势扩大，而隔断风流又会使火区瓦斯浓度上升时，应采取减少风量的办法。这样既有利于控制火势，又不使瓦斯浓度很快达到爆炸界限。在使用此法进行救灾时，灾区范围内要停产撤人，并严密监视瓦斯情况，而且要注意，在灾区内人员尚未撤出的情况下，为了避免出现缺氧现象或瓦斯上升到爆炸界限，不利于人员撤退，不能减少灾区风量。在减少灾区风量的救灾过程中，若发现瓦斯浓度上升，特别是瓦斯浓度上升到2%左右时，应立即停止使用此法，恢复正常通风，甚至增加灾区风量，以冲淡和排出瓦斯。

3）增加风量

在下列情况下需要增加灾区风量：在处理火灾过程中，如发现火区内及其回风侧瓦斯浓度升高，则应增风，使瓦斯浓度降至1%以下；若火区出现火风压，呈现风流可能发生逆转现象时，应立即增加火区风量，避免风流逆转；在处理火灾过程中，发生瓦斯爆炸后，灾区内遇险人员未撤出时，也应增加灾区风量，及时吹散爆炸产物、火灾气体及烟雾，以利人员撤退。

4）火烟短路

火烟短路是救灾过程中常用的方法。是利用现有的通风设施（打开进、回风的风门）进行风量调节，把烟雾和 CO 直接引入回风，减少人员伤亡。

5）反风

反风分全矿性反风和局部反风。由于矿井通风网络的复杂性、火源出延的偶然性、火势发展的不均衡性，采用什么方式反风应根据具体情况确定。最好平时做好反风的演习工作，通过演习观测瓦斯涌出、煤尘飞扬情况，以判断在火灾时期是否有发生爆炸的危险。通过演习摸清在什么地点发火应采取何种反风方式。一般而言，矿井进风井口、井筒、井底车场及其内的硐室、中央石门发生火灾时，一定要采取全矿性反风措施，以免全矿或一翼直接受到烟侵而造成重大恶性事故。采区内部发生火灾，若有条件利用风门的启闭实现局部反风，则应进行局部反风。

（四）高瓦斯矿井处理火灾时如何防止瓦斯爆炸

高瓦斯矿井处理火灾时，在灾区进行合理的通风对防止瓦斯爆炸有决定性的作用。在火灾处理过程中，必须掌握瓦斯的变化，合理调度风流，其原则是有助于控制火势，又能冲淡瓦斯，及时排走瓦斯。不能随意减少或中断灾区的供风，必要时（瓦斯浓度上升）还应增加火区供风量，加强巷道维护，防止冒顶堵塞巷道，以避免瓦斯积聚而产生爆炸。

上下山和运输平巷发火时，如果在火源的上风侧有掘进工作面和废巷，应将积存瓦斯的巷道严密封堵。在火源的下风侧有冒顶、废巷和掘进工作面积聚瓦斯时，对灭火人员威胁最大，为防止瓦斯爆炸应果断封闭火区，或者进行局部反风，将这些瓦斯封闭后，再组织人员灭火。

处理高瓦斯矿高冒处火灾时，必须在喷雾水枪的掩护下（迫使火源局限在高冒处），在火源的下风侧设水幕，然后在高冒处两端用水枪灭火。

处理高瓦斯矿井独头巷道火灾时，不能停风，要在保持正常通风或大风量的条件下处理火灾。但是，由于某种原因（如人员撤退时停掉局部通风机或火焰烧断风筒），风流中断或风机停转时，应检查巷道中瓦斯和烟雾情况，只有在瓦斯浓度不超过2%时才可以进入救人灭火。特别是上山独头煤巷发火，如果风机已停转，在无须救人的情况下，严禁进入侦察或灭火，而应立即在远距离封闭。对于下山掘进煤巷工作面发火，在通风条件下，瓦斯浓度不超过2%时可直接灭火。若在下山中段发火时，无论通风与否，都不得直接灭火，要远距离封闭。

当直接灭火无效或不可能时，应封闭火区。在高瓦斯矿封闭火区是相当危险的工作。应根据瓦斯涌出情况，通过加大风量将瓦斯浓度降到2%以下时，于火区的进风侧和回风侧同时建造防爆墙，并在2/3高度处留有通风排气口，然后在统一指挥下同时封口。这种封闭方法不易产生瓦斯爆炸，即使爆炸，人员安全系数也大。这是因为防爆墙建毕后，火区氧气消耗快，可生成大量CO，有助于抑制火势。同时，瓦斯上升慢，不易达到爆炸浓度。24 h后，在防爆墙掩护下建筑永久密闭，完成火区的封闭工作。若有条件，在砌墙过程中（包括砌筑防爆墙）向火区内注入氮气等惰性气体或卤族化合物，将有效防止建墙过程中产生的瓦斯爆炸。如果人力、物力不足时，也可先封闭火区进风，但密闭墙的位置应尽量靠近发火点，并且保证墙体绝对严密，否则由于入风侧空间过大或密闭质量不好，积存大量瓦斯，极易造成爆炸。当在多头巷道封闭时，应先封闭困难大的风路及分支风路（风量小的风路），然后封闭主要风道（风量大的风路）。进风侧封闭后，等待1~3 d，待火区稳定后再封闭火区回风。实践证明，火区进风侧封闭后几小时，回风侧的烟雾减少70%，温度下降50%，瓦斯浓度也有明显降低。这种封闭方法也是比较稳妥可靠的，只是要强调进风侧密闭要距发火点近和严密不漏风，否则易产生爆炸。同样，在砌墙过程中注入惰性气体等会更安全。

封堵采区内的灭区时，还应考虑某巷道封闭后是否会造成邻近采空区内瓦斯被大量吸出，通过火源引起爆炸。必须强调，任何情况下（无论是高瓦斯矿还是低瓦斯矿）不准先堵回风后堵进风，否则会造成火烟逆退或发生瓦斯爆炸。另外，有的高瓦斯矿井在处理火灾过程中未产生瓦斯爆炸，而在清理火灾现场准备恢复生产时，由于忽视阴燃火源的存在，又未认真监测瓦斯，也会引发瓦斯爆炸造成伤亡。

（五）独头掘进水平煤巷火灾的处理

1. 处理掘进巷道火灾必须考虑的条件

（1）由于巷道长、断面小，所以灭火工作受到很大的限制，接近火源十分困难。

（2）在多数情况下，掘进巷的火灾在由小型电气设备的电火花、爆破等原因引起的初始阶段易扑灭，但若贻误战机，就可能引燃支架和煤壁，扩大灾变。

（3）巷道支架烧毁后，往往发生冒顶，给救人灭火造成困难。

（4）当掘进巷道中有联络眼时，火灾就可能通过联络眼侵入其他巷道造成蔓延。

（5）火烟沿倾斜巷道流动时，可能出现火风压和再生火源。

（6）掘进巷道距水源较远，难以有充足的水量用于灭火。

2. 处理掘进巷道火灾的注意事项

（1）局部通风机的控制是关键。首先，无论是低瓦斯矿还是高瓦斯矿，或煤与瓦斯突出矿井，掘进巷道发生火灾后，不准下命令停止局部通风机运转。同时还要教育工人和救护队员，在掘进巷道发火后不能停掉局部通风机。救灾过程中，应派专人（救护队员）守住局部通风机，保证其正常运转。由于种种原因，假若发火后局部通风机已停转则不要开动，并派专人看守，派队员（佩戴呼吸器）进入巷内侦察，然后根据瓦斯浓度、烟雾多少和温度高低决定是否启动风机。当发火巷内瓦斯浓度小于 2% 时可启动风机，以排烟降温，创造良好的救护环境。当发火巷内瓦斯浓度高于 16% 时，不论烟雾多少和气温高低，均不准启动风机，以免供氧引起瓦斯爆炸。这就是"保持独头巷道通风原状"的原则。

（2）掘进巷道发生火灾时要注意发生火灾的巷道周围是不是一个实的煤体（和任何采空区、任何巷道都没有透气地方的煤体），如果是实体煤着火及局部冒顶发生火灾，可直接灭火。假如这个巷道由于局部冒落造成和采空区及其他巷道沟通，采用直接灭火就要慎重，应防止灭火过程中发生瓦斯爆炸或者火灾烧到邻近地区。

（3）注意查清发火巷道入口处进、回风侧有无积存瓦斯的地点（如盲巷）。若有，应先行封闭，避免引起瓦斯爆炸。特别是在发火巷道回风侧有积存瓦斯的地点时，产生爆炸的可能性较大，应先予封闭。

（4）查清火源在发火巷道的部位。不同部位的火灾有不同的特点，处理措施不尽相同，其中掘进工作面火灾最易处理，中部火灾最难处理，入口火灾易向贯穿风流巷道中蔓延。

（5）在掘进巷道中用水灭火时要特别注意防止水蒸气伤人或发生水煤气爆炸。

3. 独头掘进水平煤巷中发生火灾后的处理方法

1）火灾发生在掘进巷道工作面

一般来讲，这类火灾的处理比较简单，处理过程中也比较安全。此类火灾的特点有：

（1）此处火灾往往是由于爆破或电火花引起的，在初起阶段抓住时机直接灭火成功率较高。

（2）工人易于发现，也易于撤退。在没有发生瓦斯爆炸的情况下，几乎没有人员伤亡。

（3）在发火初始没有引起爆炸的情况下，若正常涌出瓦斯，只要保持正常通风（工人撤退时要停掉局部通风机）是不易构成爆炸条件的。这是因为掘进工作面的瓦斯涌出后，随着火焰的燃烧而耗失，不易积聚到爆炸浓度。但掘进工作面附近有积存瓦斯的断层或旧巷时，因火灾烧毁支架造成冒顶，沟通了断层或旧巷，瓦斯大量涌入发火掘进工作面，还是有发生瓦斯爆炸的可能。救护队到达事故地点时，若局部通风机正常运转，爆炸性气体浓度不高，只是浓烟高温，这时，只要救护队员敢于冲破高温浓烟，使用工作面的洒水设备和轻型灭火装备（灭火器等）就能很容易地扑灭火灾。万一扑灭不了（因消防材料不足等原因）则只有封闭。当局部通风机已经停转，救护队应首先测定瓦斯浓度和氧浓度，然后根据有无爆炸可能确定行动对策。

2）火灾发生在巷道中部

扑救这类火灾有成功的经验，也有沉痛的教训。总的来说，处理这类火灾比处理掘进工作面火灾要复杂得多。此类火灾的特点有以下 4 点：

（1）火灾发生后最易烧断风筒，火焰点以内容易造成瓦斯积聚。

（2）难于测定火焰点以内巷道中的瓦斯浓度及其变化情况。

（3）火焰的燃烧最易发生冒顶，既堵塞了人员通道，又堵塞了风流回路。

（4）发生火灾后，工人不易发现也难于撤出。

由于上述原因给救灾工作带来了很大的困难，其处理措施有 7 个方面：

（1）设法直接灭火。采用水灭火时水量要充足，要防止水蒸气伤人和水煤气爆炸。

（2）火焰点以内有遇险人员待救时，在灭火的同时可打开压气管阀门加大压气量或将水管改送压气，以延长遇险人员待救时间，降低瓦斯浓度。但供气量不能过大，以免把高浓度瓦斯吹向火焰点而产生爆炸。

（3）在救人灭火过程中要严密监视瓦斯情况，并分析判断发生爆炸的可能性。

（4）如有可能（火势不大、未产生冒顶等），救护队员可穿过火区救人，同时在火源以内打上风障，阻止瓦斯向外涌向火源，也可打开水幕甚至拆除几架木支架，以阻止火灾蔓延。

（5）火源以内无人时，可用惰气或氮气灭火。

（6）因人力、物力不足或火势太大，在短期内不能扑灭火灾时，或火区瓦斯浓度已超过 2% 并继续上升、火源以内瓦斯情况不明时，应在巷道口附近封闭火区。

（7）在救灾过程中，严禁用局部通风机和风筒把火源以内的瓦斯排出经过火源点，以免产生瓦斯爆炸。但火源点至巷道口之间可用风流吹散烟雾、排除瓦斯、降低气温，以创造良好的救灾条件。为确保安全和避免火势增大，风筒的出风口距火源点一段距离为宜。

3）火灾发生在掘进巷道入口部位

此处的火灾引起瓦斯爆炸的可能性低于巷道中部火灾，而又高于掘进工作面火灾。独头巷道口着火虽然破坏了正常通风，但瓦斯积聚到爆炸浓度，与巷道长度（体积）和瓦斯涌出强度有关。此处火灾的特点有两个方面：

（1）距贯穿风流近，供氧充足，因此火焰沿进风蔓延燃烧，易酿成大火。

（2）烧断了风筒，断绝了掘进巷道的正常通风，但向巷内涌入的烟气和高温少（靠扩散和热传导作用），火焰靠热对流供氧，只能向内扩展 20～30 m。此后的巷道内缺氧，火焰不可能无限制地向内燃烧，烟气也不会扩散很远。因此，当发生这类火灾人员被困在巷内时，加强灭火、保证人员不受威胁是可能的。

二、瓦斯、煤尘爆炸事故的处理

瓦斯或煤尘爆炸是煤矿中极其严重的灾害，它不但会造成大量人员伤亡，还会破坏通风系统或引起火灾，甚至产生连续爆炸，增加了救灾的难度，造成灾情的扩大。因此，当爆炸事故发生后，如何采取正确措施、积极抢救遇险遇难人员和处理事故、防止出现连续爆炸就显得十分重要。

1. 瓦斯爆炸事故处理的决策要点

获悉井下发生爆炸后，矿长（或矿级领导）应利用一切可能的手段了解灾情，然后判断灾情的发展趋势，及时果断地作出决定，下达救灾命令。

1）必须了解（询问）的内容

（1）爆炸地点及事故波及范围。

（2）人员分布及其伤亡情况。

（3）通风情况（风量大小、风流方向、风门等通风构筑物的损坏情况）。

（4）灾区瓦斯情况（瓦斯浓度、烟雾大小、CO 浓度及其流向）。

（5）是否发生了火灾。

（6）主要通风机工作情况（是否正常运转，防爆门是否被吹开，风机房水柱计读数是否有变化）。

2）必须分析判断的内容

（1）如何尽快撤出灾区人员。

（2）如何尽快通知有关人员和单位参加抢险救灾。

（3）根据灾区通风情况和风机房水柱计读数值的变化情况判断通风系统破坏程度。

读数值比正常通风时数值增大，说明灾区内巷道冒顶，通风系统被堵塞；读数值比正常通风时数值减少，说明灾区风流短路。其产生原因可能是风门被摧毁；人员撤退时未关闭风门；回风井口防爆门（盖）被冲击波冲开；反风进风闸门被冲击波冲击落下堵塞了风硐，风流从反风进风口进入风硐，然后由风机排出；也可能是爆炸后引起明火火灾，高温烟气在上行风流中产生火风压，使主要通风机风压降低。

（4）是否会产生连续爆炸。若爆炸后产生冒顶风道被堵塞，风量减少，继续有瓦斯涌出，并存在高温热源，则能产生连续爆炸。

（5）能否诱发火灾。

（6）可能影响的范围。

3）必须作出的决定并下达的命令

（1）撤出灾区和可能影响区的人员。

（2）切断灾区电源。

（3）向上级主管部门汇报并召请救护队。

（4）成立抢救指挥部，制定救灾方案。

（5）保证主要通风机和空气压缩机正常运转。

（6）保证升降人员的井筒正常提升。

（7）清点井下人员、控制入井人员。

（8）矿山救护队到矿后，按照救灾方案部署救护队抢救遇险人员、侦察灾情、扑灭火灾、恢复通风系统，防止再次爆炸。

（9）命令有关单位准备救灾物资，医院准备抢救伤员。

矿井发生瓦斯爆炸事故后，灾区里充满了爆炸烟雾和有毒有害气体，这时，只有佩戴有氧气呼吸器的救护队员才能进入灾区工作。

2. 低浓度瓦斯爆炸的处理

所谓低浓度瓦斯爆炸是指在正常涌出瓦斯的情况下，因微风或无风造成瓦斯积聚到爆炸界限遇火源引起的瓦斯爆炸。其特点是瓦斯有一个积聚的过程，当发生第一次瓦斯爆炸后，需一定时间积聚才可能发生第二次爆炸。爆炸间隔时间的长短取决于绝对瓦斯涌出量和风量。大量瓦斯连续爆炸的案例表明：瓦斯连续爆炸的间隔时间不一，分布也无规律，有时隔几分钟，有时隔 $1 \sim 2\,h$ 甚至几小时。对此类瓦斯爆炸的处理应尽快恢复灾区通风，利用风流稀释涌出的瓦斯，不让瓦斯浓度达到爆炸界限内，避免连续爆炸。当通风系统破坏严重（如多处风门被摧毁、冒顶堵塞严重）一时无法恢复时，应千方百计查明灾区内是否存在火源。无火源存在时应集中力量抢救人员，然后在严密监视瓦斯的情况下逐段恢复通风。若有火源存在，则应根据火源位置、火势大小、灾区通风情况和瓦斯情况慎重决定灭火方案。

对瓦斯爆炸引起的采煤工作面火源，如果行动迅速、灭火器材充足，火势猛或大时，可利用灭火器材或水进行直接灭火。当火源为工作面上隅角的瓦斯燃烧，灭火时要注意严防把火苗赶到采空区内，以免发生瓦斯爆炸。上隅角瓦斯燃烧的扑灭危险性较大，因为瓦斯燃烧时的火源可能在巷道上部到处乱窜，甚至进入采空区内，引起采空区瓦斯燃烧或爆炸。在灭火器材（干粉灭火器）和水量不足、瓦斯涌出量较大的情况下，要在短时间内扑灭上隅角的瓦斯燃烧是相当不易和危险的，必须及时撤出人员。

3. 高浓度瓦斯爆炸的处理

所谓高浓度的瓦斯爆炸是指瓦斯喷出或煤与瓦斯突出后，高浓度瓦斯被风流稀释到爆炸界限以内引起的瓦斯爆炸。其特点是在第一次瓦斯爆炸后，灾区内仍存在大量高浓度瓦斯，这些瓦斯被风流冲淡后遇火源即可再次爆炸。处理这类的瓦斯爆炸应该首先查明灾区内有无火源。若有火源存在，严禁启动局部通风机供风，否则风流既冲淡了高浓度的瓦斯，又提供了瓦斯爆炸所需的氧气。此时应在不供风的条件下集中力量救人和灭火，无法灭火或灭火无效时要及时予以封闭。若无火源，则在集中力量救人后，按排放瓦斯的要求处理积存的瓦斯。

4. 煤尘爆炸事故的处理

煤尘爆炸事故的处理方法与处理瓦斯爆炸事故基本相同，同样要按灾区停电撤人向上级汇报—召请救护队—成立抢救指挥部—救护队到灾区救人—侦察情况—灭火—恢复通风系统等程序执行。只是要注意：灾害发生时首先切断灾区（甚至灾区周围的区域）的电源，而且停电操作应在灾区以外的地点进行，以免引起再次爆炸；对灾区进行侦察过程中，发现火源立即扑灭，防止二次爆炸。若火势较大，暂时不能灭火时，应立即局部封闭，再研究灭火方案，防止再次引爆瓦斯或煤尘。救灾过程中要注意寻找煤尘爆炸的痕迹和判断起爆源。煤尘连续爆炸的可能性很大，思想上和物资上应有准备，以免措手不及，避免出现难以控制的局面。

三、煤与瓦斯突出事故的处理

煤与瓦斯突出事故发生后，会喷出大量的瓦斯和煤（岩）。突出的瓦斯由突出点瞬间形成冲击气浪，向回风和进风巷道蔓延扩展，可破坏通风系统，改变风流方向，使井巷中充满高浓度的瓦斯。在通风不正常的情况下，可使灾区和受影响区内人员因缺氧而窒息。突出的瓦斯在蔓延过程中可能产生瓦斯爆炸，延伸到井口时遇火源会引起燃烧事故。由于突出，大量的煤（岩）会堵塞井巷，在突出点附近的人员可能被突出的煤（岩）流卷走、掩埋。因此，煤和瓦斯突出对矿井安全生产威胁很大。

1. 处理煤与瓦斯突出事故的要点

在处理煤与瓦斯突出事故中，必须充分认识到与其他瓦斯事故的不同：

（1）瓦斯来源充足，并且瞬间涌出量很大、浓度很高。不但能顺风流向回风方向蔓延，而且能逆风流向进风方向蔓延，甚至能逆流到进风井。

（2）突出的瓦斯能形成冲击气浪破坏通风系统，突出的煤（岩）能堵塞巷道，因而会造成通风混乱，不利于人员的撤退和救灾。

（3）突出的高浓度瓦斯开始时不会立即发生爆炸，但在一定供氧条件下可能遇火源引起燃烧。如果通风供氧使瓦斯浓度降到爆炸界限以内，遇火源会引起爆炸，这就要求在处理事故过程中严格管理火源。

（4）在处理事故过程中，如果需在突出煤层中掘进巷道用于救人或恢复通风，仍必须采取防突措施。

（5）突出后，有可能在同一地点发生第二次、第三次突出。因此，在处理事故过程中必须严密监视，注意突出预兆，防止再次突出扩大事故。

2. 煤与瓦斯突出事故的处理步骤

（1）切断灾区和受影响区的电源，但必须在远距离断电，防止产生电火花引起爆炸。当瓦斯影响区遍及全矿井时，要慎重考虑停电后会不会造成全矿被水淹。若不会被水淹，则应在灾区以外切断电源；若有被水淹的危险时，应加强通风，特别是加强电气设备处的通风，做到"送电的设备不停电，停电的设备不送电"。

（2）撤出灾区和受威胁区的人员。

（3）派人到进、回风井口及其 50 m 范围内检查瓦斯，设置警戒，熄灭警戒内的一切火源，严禁一切机动车辆进入警戒区。

（4）派遣救护队佩戴呼吸器、携带灭火器等器材下井侦察情况、抢救遇险人员恢复通风系统等。

（5）要求灾区内不准随意启闭电气开关，不要扭动矿灯开关和灯盏，严密监视原有的火区，查清突出后是否出现新火源，防止引爆瓦斯。

（6）发生突出事故后不得停风和反风，防止风流紊乱扩大灾情，并制定恢复通风的措施，尽快恢复灾区通风，将高浓度瓦斯绕过火区和人员集中区直接引入总回风道。

（7）组织力量抢救遇险人员。安排救护队在灾区救人，非救护队员（佩戴有隔离式自救器）在新鲜风流中配合救灾。救人时本着先明（在巷道中可以看见的）后暗（被煤岩堵埋的）、先活后死的原则进行。

（8）制定并实施预防再次突出的措施，必要时撤出救灾人员。

（9）当突出后破坏范围很大，巷道恢复困难时，应在抢救遇险人员后对灾区进行封闭。

（10）保证压缩空气机正常运转，以利避灾人员利用压风自救装置进行自救。保证副井正常提升，以利井下人员升井和救灾人员入井。

（11）若突出后造成火灾或爆炸，则按处理火灾或爆炸事故进行救灾。

四、矿井水灾事故的处理

矿井发生突水事故后，应及时向矿务局（公司）及煤矿安全监察机构汇报，召请矿山救护队，成立抢救指挥部，制订救灾方案，积极组织救灾。

1. 突水时抢险救灾决策要点

（1）迅速判定水灾的性质，了解突水地点、影响范围、静止水位，估计突出水量、补给水源及有影响的地面水体。

（2）掌握灾区范围，搞清事故前人员分布，分析被困人员可能躲避的地点，分析事故地点和可能波及的地区撤出人员。

（3）关闭有关地区的防水闸门，切断灾区电源。

（4）根据突水量的大小和矿井排水能力，积极采取排、截水的技术措施。启动全部排水设备加速排水，防止整个矿井被淹，同时注意水位的变化。

（5）加强通风，防止瓦斯和其他有害气体的积聚和发生熏人事故。

（6）排水后进行侦察、抢险时，要防止冒顶、掉底和二次突水。

（7）抢救和运送长期被困井下的人员时，要防止突然改变他们已适应的环境和生存条件，造成不应有的伤亡。

2. 矿井突水事故的处理

发生突水后常常有人被困在井下，指挥者应本着"积极抢救"的原则，争时间、抢速度，采取有效措施使他们早日脱险。但是，有时排水时间较长，人员未被救出，有的指挥者便认为他们不能活着被救出，从而抢救决心不大，信心不足。或者，外部水位超过遇险人员所在地的标高时，便误认为遇险者已失去生存条件，从而抢救行动缓慢，甚至放弃抢救。在抢救过程中出现这些问题往往会贻误战机，使遇险人员遭受更大痛苦，甚至失去生命。作为指挥者，在突水事故发生后应正确判断遇险人员可能躲避的地点，科学地分析该地点是否具有人员生存的条件，然后积极组织力量进行抢救。当躲避地点比外部水位高时，也应坚信该处有空气存在，遇险人员可能有生存的希望，对于这些地点的人员，应利用一切可能的方法（如打钻或掘进一段巷道等）向他们输送新鲜空气、饮料和食物。当积水不能排除，且不具备打钻的条件时，为保障他们的生命安全，可考虑进行潜水救护。即由潜水救护队员潜水进入灾区，将携带的氧气瓶、饮料、食物、药品等送给遇险人员，以维持起码的生存条件。当避难地点比外部最高水位的标高低时，有两种情况发生：

（1）突水时洪水能直接涌入位于突水点下部的巷道（如平巷、下山等），并将其淹没，一般情况下，这些地点不会有空气存在，也就不具备人员生存条件，误入这些地点避灾的人员，将无生还可能。然而，却有多次出现过人员躲在水位下平巷或下山高冒处获救的案例。

（2）当突水点下部巷道全断面被水淹没后，与该巷相通的独头上山等上部独头巷道如不漏气，即使低于外部最高洪水位时也不会全部被水淹没，仍有空气存在。在这些地点躲避的人员具备生存的首要条件，如果避灾方法正确（如心情平静、适量喝水、躺卧待救等）是完全可以生还的，这在矿井水灾实例中并不罕见。

第六章 矿井生产安全管理

第一节 安全技术措施计划及编制

从安全管理学的角度看，安全技术措施计划及矿井灾害预防和处理计划是矿井安全生产的基础和重要保证，认真编制和贯彻安全技术措施计划及矿井灾害预防和处理计划，具有非常重要的意义。《煤矿安全规程》总则中也对此做了明确要求。

《煤矿安全规程》第十一条中规定，煤矿企业在编制生产建设长远发展规划和年度生产建设计划时，必须编制安全技术发展规划和安全技术措施计划。安全技术措施所需的费用、材料和设备等必须列入企业财务、供应计划。《煤矿安全规程》第十条规定，试验涉及安全生产的新技术、新工艺、新设备、新材料前，必须经过论证、安全性能检验和鉴定，并制定安全措施。

一、安全技术措施的编制原则

编制安全技术措施应坚持 5 个原则。

1. 领导负责的原则

编制和执行安全技术措施计划应纳入企业的重要议事日程，并由负责生产的各级领导具体负责落实。

2. 员工参与的原则

充分发动群众，依靠群众，贯彻领导和群众相结合，让群众参与的原则。

3. 效益原则

依据国家劳动保护法规和政策、方针，结合企业具体情况，本着安全可靠、经济合理、技术可行，力求企业经济效益最佳。

4. 关键原则

编制计划应着重解决对职工安全和健康威胁最大的问题。

5. 根本解决的原则

在选择措施方案时要从改善劳动条件的根本途径着眼，如改革工艺设备、原材料，开展技术革新、采用新技术、安全技术措施的编制方法等。

二、安全技术措施项目范围

安全技术措施计划的项目范围包括以改善企业劳动条件、防止工伤事故和职业病为目的的一切技术措施，大致可分为安全技术措施、工业卫生措施、辅助房屋及设施、宣传教育措施4类。

1. 安全技术措施计划

地面安全技术措施计划包括的内容有机器、机车、提升设备、机床、电器设备等传动部分和防护装置；各种快速自动开关；电刨、电锯、砂轮、剪床、冲床及锻压机器上的防护装置；升降机和起重机械的各种防护装置及保险装置；锅炉、受压容器、压缩机械及各种有爆炸危险的机器设备的保险装置和信号装置；各种运转机械上的安全启动和迅速停车设备；在工人可能到达的洞、坑、沟、升降器、漏斗等处安设的防护装置；在生产区域内工人经常过往的地点，为安全而设置的通道及便桥；在高空作业时，为避免铆钉、铁片、工具等坠落伤人而设置的工具箱和防护网等。

井下安全技术措施包括的内容有通风系统改造、完善设施、更新通风设备、改善矿井通风条件的措施；防治瓦斯，建立瓦斯抽放系统和监测系统及防治瓦斯突出的措施等；为防治矿尘危害，建立降尘系统，实行煤体注水及采取其他防治措施等；防灭火，建立消防系统、防火灌浆系统及购置防灭火设备、仪器仪表；防止水害，地面修排水沟渠、排涝工程、井下设水泵房、疏水巷道、探水钻孔、防水墙、水闸门等工程及设备；防暑降温、防寒防冻设施；防治冲击地压和其他顶板事故的措施；防止机电、提升、运输事故的措施及消灭重大灾害隐患所采取的安全技术措施等。

2. 工业卫生措施

对于地面工厂，为保持空气清洁或使温度合乎劳动保护要求而安设的通风换气装置；合理安装车间、通道及厂院的照明；产生有害气体、粉尘或烟雾等生产过程的机械化、密闭化及空气净化设施；防止辐射热危害的装置及隔热防暑设施；为减轻或消除工作中噪声及震动的设施等。

3. 辅助房屋及设施

在有高温或有粉尘的、易脏的工作和有关化学物品或毒物的工作中，为工人设置淋浴设备和盥洗设备；增设或改善车间附近的厕所，更衣室或存衣箱，工作服的洗涤、干燥或消毒设备，车间或工作场所的休息室等。

4. 宣传教育措施

购置或编印的劳动保护参考书、刊物、宣传画、标语、幻灯及音像制品等，举办劳动保护展览会，设立陈列室、教育室等；安全操作方法的教育培训及座谈会、报告会等；安全科学技术的研究和试验工作等。

三、安全技术措施计划编制方法

1. 编制安全技术措施计划的依据

安全技术措施的编制主要根据下列 5 个方面：

（1）国家颁布的劳动保护法规、方针政策和各产业部门公布的有关劳动保护的各项标准、指示。

（2）在安全生产检查中发现但尚未解决的问题。

（3）对造成伤亡事故和职业病、职业中毒的主要原因所应采取的措施。

（4）因发展的需要所应采取的安全技术和劳动卫生技术措施。

（5）安全技术革新的项目和职工提出的有关安全生产、工业卫生方面的合理化建议。

2. 安全技术措施计划中应包括的内容

（1）单位或工作场所。

（2）安全技术措施名称。

（3）安全技术措施的内容及目的。

（4）经费预算及其来源。

（5）负责设计、施工单位或负责人。

（6）开工日期及竣工日期。

（7）措施执行情况及其效果。

3. 安全技术措施计划的编制步骤

企业一般在每年的第三季度编制下年度的安全技术措施计划，编制方法和步骤如下：

（1）企业领导根据企业的情况，分别向各矿、区队、车间提出具体要求，进行布置。

（2）区队长会同有关单位和人员制订出本区队的具体措施计划，经群众讨论，送通风安全科（安技科）审查汇总，经技术科编制、计划科综合后，由企业领导召开有关科室、区队等负责人参加的会议，确定项目，明确设计施工负责人，规定完成日期，经企业领导批准后，报上级核定。

（3）根据上级核定的结果，与生产计划同时下达到区队贯彻执行。

（4）在编制和贯彻执行安全技术措施计划中，必须树立安全与生产统一的思想，把安全技术措施计划和生产计划同样看待。

（5）发动群众，把安全措施计划的制定和贯彻执行建立在广泛的群众参与基础上。

（6）要建立检查和验收制度。安全劳动保护专管机构定期或经常检查计划执行情况，措施项目竣工后，应会同有关部门鉴定验收，并作为生产设施的一部分，纳入企业设备维修管理计划中，统一管理维护。

实践证明，凡是认真编制并贯彻执行安全技术措施的企业，安全生产、劳动保护工作就会处于主动状态，劳动条件就能不断改善，工伤事故和职业病、职业中毒事故逐渐减少；反之，劳动保护工作就会处于被动之中，不能有计划地改善劳动条件，合理地使用资金，使资金发挥最大的作用，工伤事故和职业病也会不断发生。因此，企业各级领导必须认真重视编制和执行安全技术措施计划。

四、安全技术措施计划的实施

（1）企业各级领导和有关职能部门必须把安全技术措施计划与生产计划同样看待，不能"一手软、一手硬"。

（2）要把执行安全技术措施计划与生产作业计划结合起来。

（3）要建立检查制度，加强对措施执行情况的检查。

（4）安全技术措施竣工后，专职机构应会同有关部门进行鉴定验收。

第二节　《矿井灾害预防和处理计划》的编制与实施

由于煤矿环境特殊，井—厂的条件复杂多变，在生产和建设过程中往往受到瓦斯、矿尘、火、水、顶板等灾害的威胁，因而矿井发生各种灾害事故的可能性大。而且一旦发生重大事故，影响范围大、伤亡人员多、中断生产时间长，井巷工程与生产设备损坏严重，处理也比较困难。

当矿井发生事故后，安全、迅速、有效地抢救人员，保护设备，控制和缩小事故影响范围及其危害程度，防止事故扩大，将事故造成的人员伤亡和财产损失降低到最低限度是救灾工作的关键。因此，掌握煤矿重大事故处理的原则、方法和技术是十分必要的。

为了防止事故发生，并在事故发生时能有效地阻止事故扩大和迅速抢救人员，《煤矿安全规程》规定，煤矿企业必须编制年度灾害预防和处理计划，并根据具体情况及时修改。灾害预防和处理计划由矿长负责组织实施。煤矿企业每年必须至少组织1次矿井救灾演习。

一、编制《矿井灾害预防和处理计划》的目的、意义和作用

煤矿井下时刻受到灾害的威胁，一旦发生事故，如现场人员具有抢险救灾的基础知识，及时采取有效的救灾和自救措施，即使不能转危为安，也不会使事态扩大，因此，遇重大灾害事故，指挥者决策是否正确是抢险救灾成败的关键。而贯彻落实《矿井灾害预防和处理计划》（以下简称《计划》），达到防止事故发生，并在发生事故时，使现场人员有效地控制事故扩大和迅速抢救受灾遇险人员的目的。《计划》的作用可归纳为以下4条：

（1）反映该矿井存在灾害威胁的具体情况。通过编制计划，检查矿井井下的主要危险因素和危险源，明确重点，重点防范。

（2）总结该矿井防灾、救灾的经验教训，排查井下主要安全隐患，确立可能发生事故的重点位置，进行救灾演习。

（3）确立防治灾害事故的行为准则。

（4）明确处理重大灾害事故的行动纲领。

二、《矿井灾害预防和处理计划》的内容

《计划》的内容应包括预计事故、预防事故和应急处理事故3个方面。这3个方面的编写要实事求是、措施有力、行之有效、操作性强。通过文字说明、必备图纸资料、消防材料·设备和必需工程规划表等手段，充分必要地表达出《计划》的内容。《计划》必须贯彻预防为主的方针，应能起到防止事故发生、在发生事故时能有效地防止事故扩大和迅速抢救受灾遇险人员的目的。具体要求如下：

1. 附图及有关处理各种事故必备的技术资料

（1）矿井通风系统图、反风试验报告及反风时保证反风设施完好可靠的检查报告。

（2）矿井供电系统图和井下电话的安装地点。

（3）井下消防。洒水管路、排水管路和压风管路的系统图。

（4）地面和井下消防材料库位置及其储备的材料、设备、工具的品名和数量登记表。

（5）地面、井下对照图。图中应标明井口位置和标高、地面铁路、公路、钻孔、水井。

2. 文字说明

（1）可能发生事故地点的自然条件、生产条件及预防的事故性质、原因和预兆。

（2）出现各种事故时，保证人员安全撤退所必须采取的措施。

（3）预防、处理各种事故和恢复生产的具体技术措施。

（4）实现预防措施的单位及负责人。

（5）参加处理事故指挥部的人员组成、分工和其他有关人员名单、通知方法和顺序。《计划》中人员的分工要明确具体，通知召集人的方法要迅速及时。

3. 安全迅速撤退人员的措施

（1）及时通知灾区和受威胁地区人员的方法（电话、声响、释放特殊气味等）及所需材料设备。

（2）人员撤退路线及该路线上需设的照明设备、路标、自救器及临时避难硐室的位置。

（3）风流控制方法、实现步骤及其适用条件。

（4）发生事故后，对井下人员的统计方法（一般通过矿灯牌和考勤记录统计在井下的人数及其姓名）。

（5）救护队员向遇灾人员接近的移动路线。

（6）向待救人供给空气、食物和水的方法。

4. 处理灾害和恢复生产措施的编制原则

（1）处理火灾事故应根据已探明的火区地点和范围制定控制火势的方法，风流调度的原则和方法，防止产生瓦斯、煤尘爆炸的措施及步骤，采用的灭火方法、防火墙的位置、材料和修建顺序等。

（2）处理爆炸事故，关键是制定如何迅速恢复灾区通风、用适当风量冲洗灾区、消除或避免出现火源、防止瓦斯连续爆炸的措施。

（3）其他事故（煤与瓦斯突出、冒顶、透水、运输提升和机电事故等）的预防和处理措施也应根据本矿井具体情况制定。为使《计划》尽量与客观事物发展过程相吻合，就需要通过调查研究和集中群众智慧，然后根据现状和历史教训编制出切实可行的内容。而且，随着客观条件的变化（采掘计划的变更、通风系统的改变等），每季度还要对《计划》作出相应的修改与补充。

三、《计划》的编制方法、审批程序及其贯彻执行

（1）《计划》必须由煤矿主要技术负责人组织通风、采掘、机电、地质等单位有关人员编制，并有矿山救护队参加，还应征得驻矿安全监察站（员）的同意。

（2）《计划》必须在每年开始前 1 个月制订完毕。

（3）在每季开始前 15 天，矿总工程师（或主要技术负责人）根据矿井自然条件和采掘工程的变动等情况，组织有关部门进行修改和补充。

（4）已批准的《计划》由矿长负责组织实施。

（5）已批准的《计划》应立即组织全体职工（包括全体矿山救护队员）学习、贯彻，并熟悉避灾路线。各基层单位的领导和主要技术人员应负责组织本单位职工学习，并进行考试。没有学习或考试不及格者，或不熟悉《计划》有关内容的干部和工人，不准下井工作。《计划》如有修改补充，还应组织职工重新学习。

（6）每年必须至少组织一次矿井救灾演习。对演习中发现的问题，必须采取措施，立即整改。

对于具有复杂通风网络的矿井，编制《计划》时较为复杂，特别是《计划》中的处理事故措施很难制定得准确无误，为此，国内外研制开发并在生产中采用了一套用计算机分析和选择事故时通风工况的软件。此程序可以随时确定火源气体成分、爆炸危险性、火风压的最大值和进入火源的合理风量，并能分析灭火技术设施的预定能力、所用灭火材料

的类型等。

另外，可以利用计算机编制事故处理计划，根据输入的有关采掘动态的信息和通风网络，解答下列问题：

（1）确定矿工用最短时间沿着充满火灾气体的巷道，从事故区和受威胁地区撤退到新鲜风流的最短安全路线。

（2）计算各救护小队的最短行动路线，选定抢救人员的措施和初期处理事故的方法。

（3）计算火灾发生后的通风稳定性，选取防止风流逆转的措施等。

第三节　专业技术论文的写作知识

一、技师专业论文的概念和特点

1. 技师专业论文的基本概念和性质

根据国家劳动和社会保障部有关文件规定，在技师、高级技师（以下统称为技师）的资格考评中，技师的技能鉴定要按照技师技能标准的要求，考核理论知识、操作技能和综合工作能力。论文答辩是综合工作能力考核中的一个重要方面。因此，很有必要学习技师论文的撰写方法。

技师专业论文是技师在总结或研究某一职业（工种）领域中的有关技术或业务问题时，表达其工作或研究过程成果的综合实用性文章。技师专业论文与实用性文章所反映的必须是技师所在的本职业（工种）范围内的各种技术或业务问题。就技师专业论文的表达方式而言，由于文章的内容和功用的不同，在表达方式上也不尽相同，一般采用论证、说理、叙述和解说的表达方式。

技师专业论文所表达的内容必须是在技术或业务工作的范围内，是对技术或业务工作、技术革新和技术改造设计成果的记录描述和总结，否则就不能称之为技师专业论文。

技师专业论文主要运用概念、判断、推理、证明等逻辑思维方式，其中辩证逻辑和创造性思维发挥着重要的作用。技师专业论文一般要有论点、论据和论证3个要素，强调有理论依据，有定性和定量分析，以理服人。有时也用到叙述和说明，但一般不用抒情性的描写。

2. 技师专业论文的特点

技师专业论文的特点包括专业性、理论性、创新性、规范性、导引性和可读性等，并且要求技师专业论文简明，也就是要行文通俗易懂，言简意赅力求精练简明，无冗长字句。用规范的书面语言写作，做到用词准确，合乎语法，概念明确，判断恰当，推理严密，论据充分，结论可靠，结构完整，条理清晰。

二、技师专业论文的写作准备

1. 选题

写任何论文都要考虑写什么和怎么写，选题即是解决"写什么"的问题。

1）选题的原则

在进行科学技术实践和技师论文写作中，要能够正确和恰当的选题，必须先明确选题的一般标准和基本依据，即要明确选题的原则，也就是准确恰当、提高创新、可行实用。

2）选题的方法

（1）选择能发挥本人特长的论题。

（2）选择本专业具有突破性的论题。

（3）选择本专业具有普遍性的论题。

2. 文献与材料的准备

占有基本材料是技师专业论文写作的基础。占有基本材料也反映出技师专业论文作者的基本功，通过掌握基本材料的内容、广度和深度可以看出其理论功底。

掌握科技文献信息是撰写技师专业论文的必要前提，否则技师专业论文的写作也就丧失了坚实的基础，难以进行。科技文献信息与技师专业论文写作的关系具体表现在以下3个方面：

（1）掌握科技文献信息是技师专业论文写作的前提。

（2）掌握科技文献信息能启迪思维，创造灵感。

（3）掌握科技文献信息是形成观点的重要基础。

三、技师专业论文的构成及写法

1. 基本要求

技师专业论文虽然其内容千差万别，构成形式也是多种多样，但均由文字、数字、表格、图形等形式来表达。因此，撰写技师专用论文必须注意内容与形式的统一。按照标准规定，一般应由论文题目（副题目）、目录、内容提要、关键词、正文、参考书目及作者信息和签名等几个部分构成。

2. 封面

封面内容应包含技师专业论文的主要信息，一般由下列内容组成：

（1）职业（工种）。按照《中华人民共和国职业分类大典》的标准名称。

（2）题目。即技师专业论文题目，必要时可加副题目。

（3）申请者姓名和身份证号。身份证号按照标准18位填写。

（4）申请鉴定考评等级。

（5）准考证编号。

（6）培训单位。

（7）鉴定单位。

（8）论文完成日期。

3. 题目

题目又称为标题，是一篇技师专业论文的提示与主旨。好的题目可以使读者通过题目就可以了解论文的概貌，容易引发读者的注意和兴趣，使读者在看了题目后产生进一步阅读论文的欲望。

其中主题目是论文的主标题，典型的命题方法有运用陈述句、运用论述句和运用提问句等。副题目也称之为分题目，即当主题目难以明确表达论题的全部内含时，为了点明专业论文更具体的论文对象和论述目的，对总题目加以的补充说明。为了强调论文研究的某个侧重面，也可以加副题目。

拟定技师专业论文题目时要遵照下列要求，即题目相应，文字精练、含义准切，层次分明、体例规范。

4. 目录

由于数字的限制和便于评审，技师专业论文一般都要求设置目录。对于目录设置的基本要求如下：

（1）技师专业论文一般采用两级目录，相当于书籍的章、节，必要时也可以安排三级目录。

（2）目录放置在专业论文主体的前面，起到专业论文的导读作用。

（3）目录必须准确完整，与全文纲目相一致。

5. 内容提要

内容提要也称摘要，是技师论文主体的附属部分，作用是对技师专业论文内容进行高度概括性陈述，简要介绍论文的主要论点和揭示研究成果，有些还对全文的特点、框架结构、作者情况及文章的写作过程等进行简单介绍。

6. 关键词

一般要求在技师专业论文的内容提要后附3～5条关键词。关键词是指从技师专业论文的题目、正文和内容提要中精选出来，能够表示论文主体内容特征、具有实质意义和未经规范处理的自然语言词汇。关键词也叫做说明词或索引术语，是编制各种索引工具的重要依据。

第四节 矿井通风系统及其优化

一、矿井通风系统

（一）矿井通风系统的构成

矿井通风系统是矿井生产系统的重要组成部分，是矿井通风方式、通风方法和通风网络的总称。通风方式是指进风井和出风井的布置方式。通风方法是指主要通风机的工作方法（抽出式、压入式）。通风网络是指风流所流经的井巷的连接形式。有的学者将通风动力及其装置、通风网络和通风控制设施的总称叫做矿井通风系统。矿井通风系统随着矿井生产的进行而不断地发生变化。采掘工作面的推进和接替，采区的准备、投产与结束，矿井开拓延伸等工程的不断进展，都会使通风系统在网络结构上随时发生变化，也必将使通风系统正常运行的自然条件发生变化。网络结构的变化通常是可以预见和规划的。此外，由于采矿活动的影响，通风巷道和通风设施的变形、老化使系统的风阻增大，风门、风墙漏风量增大，各种通风动力设备也会磨损、锈蚀，性能逐渐降低、寿命缩短，从而使通风系统运行参数发生变化，且这些参数变化是随机的。因此，矿井通风系统严格意义上说是一个动态的、随机的系统。

（二）矿井通风系统的要求

无数的事故案例表明，零星事故的发生，通常是个人违章或思想上缺乏安全意识所致；重大瓦斯煤尘事故和明火火灾事故的发生和灾情扩大，都是矿井通风系统中存在重大安全隐患的必然结果。保证通风系统的稳定是安全生产的必要条件，也是通风管理的重要任务。

《煤矿安全规程》规定，矿井必须有完整的独立通风系统。必须编制通风设计及安全措施，由企业技术负责人审批。

1. 基本要求

（1）通风系统简单，网络结构合理，能保质保量地向用风地点稳定可靠地供风。

（2）主要通风机性能与矿井通风网络特性相匹配，主要通风机的可调性好、高效区运行效率高、运转费用少。

（3）具有较高的防灾抗灾能力。不因通风系统临时出现故障或不完善而导致灾害的发生，即使发生某种事故，也可以利用现有通风系统加以控制，使灾变范围缩小。

（4）有利于实现机械化和自动化，能适应煤炭生产的新技术、新工艺的推广和应用。

（5）经济效益好。主要通风机及其附属装置的购置和安装费用低、运行费用低，专用通风井巷少、通风井巷采用经济断面且维修费用低，局部通风机运行费用低、通风构筑物少。

2. 特别要求

1）高瓦斯矿井的通风系统

瓦斯是影响煤矿通风安全的主要因素。高瓦斯矿井的特点是瓦斯涌出量大、工作面瓦斯超限概率高。这不仅威胁矿井安全，日常因停产处理积聚的瓦斯也会损失大量的人力、财力和物力，使生产秩序无法正常，生产效率低，推进速度低，影响矿井生产能力的发掘。随着煤矿开采深度的增加和机械化程度的提高，瓦斯对矿井安全生产的威胁越来越大，特别是一些高瓦斯综采工作面，由于瓦斯大量涌出，限制了生产效率的提高。因此，高瓦斯和有煤与瓦斯突出危险的矿井的通风系统应有利于稀释和排放瓦斯。工作面的通风系统应满足以下要求：

（1）易于实现分源稀释瓦斯。

（2）要有利于煤层瓦斯抽采和突出危险煤层的开采。

（3）应能排除采煤工作面上隅角高浓度的瓦斯，防止瓦斯局部积聚。

（4）一旦发生煤与瓦斯突出，能保证高浓度的瓦斯顺利排放。

（5）能为工作面创造良好的气象条件。

高瓦斯矿井工作面的瓦斯主要来源于开采煤层和邻近层。实践证明，来自开采层的瓦斯与工作面的通风系统关系不大，而邻近层的瓦斯涌出和工作面的通风系统关系十分密切。

目前，我国高瓦斯矿井工作面主要采用 U 型、U + L 型、Y 型及 W 型通风系统。

2）有自然发火危险的矿井的通风系统

矿井内因火灾是煤矿较严重的自然灾害之一。自然发火直接威胁着安全生产，不仅会破坏煤炭资源和设备，冻结大量的煤量，而且还会影响矿井的正常生产秩序。煤炭自燃必须同时具备 4 个条件，即煤炭具有自燃倾向性并以破碎状态存在，有漏风供氧条件，有一定的蓄热环境，有足够的氧化蓄热的时间。这 4 个条件中，除煤炭具有自燃倾向性并以破碎状态存在这一条件外，其他 3 个条件均与矿井通风密切相关。为此，有自然发火危险的矿井，其通风系统必须满足以下条件：

（1）在符合矿井通风安全基本要求的前提下，矿井主要通风机的工作风压尽可能低，能最大限度地降低矿井内部漏风。

（2）采区和回采工作面必须采用分区通风，并保持足够的通风断面；采煤工作面进、回风两端风压差不能过大。

（3）风门、风窗等通风设施均应按防灭火的要求正确设置。

（4）采区或工作面应建立局部反风系统。

（5）矿井通风系统应便于实现均压防灭火。

3）高温矿井的通风系统

随着矿井开采深度的增加、机械化程度的不断提高，井下地热和机械热也显著增加，使得矿井热害日趋严重，逐渐成为与水、火、瓦斯、煤尘及顶板同样严重的自然灾害。通风降温是改善矿井湿热条件最简便易行的方法，效果比较显著。为满足矿井降温的需要，应尽可能增加风量以降低作业环境的温度；选择合理的风速，增强人的舒适感；选择合理的通风系统，尽量缩短工作面进风段的风路长度，使新鲜风流避开热源或减少同热源的接触换热时间（如工作面采用下行风、井下机电硐室实行单独回风等措施）。高温矿井最好采用两翼进风或两翼、中央联合进风的通风方式。

高温矿井回采工作面的通风系统主要有 H 型、W 型和 E 型通风系统。由于下行通风方式的风流是经上区段平巷进入工作面的，因而上区段平巷不存在煤炭的运输问题，风流直到工作面时才与采落的煤炭接触，风流在到达工作面之前并未吸收煤炭运输过程中释放的热量，因而采用下行通风方式的工作面要比采用上行通风方式的工作面的风温低。

（三）矿井通风系统在安全生产中的重要地位

新中国成立以来，我国煤矿重大恶性事故发生频繁，其中绝大多数是"一通三防"方面的事故，事故矿井中存在的通风系统隐患与事故的发生和扩大存在着千丝万缕的联系。如 2004 年 10 月至 2005 年 2 月分别发生在郑州某矿、铜川莱矿和阜新某矿的三起震惊中外的煤矿瓦斯爆炸事故，都不同程度地与通风系统中存在的重大隐患有关。2005 年 4 月至 7 月，国家组织了煤矿安全专家"会诊"工作，其中的工作重点就是解决煤矿通风系统中存在的隐患问题。

在矿井生产过程中，随着采掘工作面的推进、转移，通风网络结构及各分支的风阻都将发生相应的变化，或由于井下生产过程中，井巷瓦斯涌出量的变化、煤炭自燃等原因，也需对井下通风网络结构、各分支的风阻进行人为的调节。因此，矿井通风网络实际上处于一个动态变化过程中。

1. 井巷风阻变化引起风流变化，处理不当会引起恶性事故

矿井风网内各分支风阻变化是经常发生的，有些分支风阻变化是按计划进行的，如采掘工作面的推进和搬迁、采区的接替、水平的延深、系统的调整等；有些分支风阻变化则是随机的，如风门的开启、井巷的局部冒顶和变形、运输和提升设备的运行等，这些都会引起风网内风流的变化。

当某分支风阻增大时，其本身的风量虽会减小，包含该分支的所有通路上的其他分支的风量也会随之减小，但与该分支并联的其他分支的风量会增加。分支风阻变化对矿井通风网络的影响程度取决于该分支在网络中的位置。若该分支是矿井的主要进回风井巷，本身的风量较大，那么其风阻值稍有变化，则整个网络都会发生较大的变化。

在通风系统中构筑密闭或进行巷道贯通，实际上会使风网的结构发生变化。施工前，

必须进行通风网络分析，预测系统中各井巷的风流变化情况。为避免事故的发生，一般宜先作系统调整，将密闭构筑地点或贯通地点的风量降低，以减少密闭或被贯通煤岩柱承受的压差。

在生产矿井中，影响风流稳定性的因素很多，如通风机的工作状态、通风构筑物的构筑数量和质量、自然风压变化幅度、巷道贯通或密闭构筑、工作面的推进与转移、采区或生产水平过渡、井巷运输和堆积物等，这些对通风系统的稳定性均有一定的影响。

仅由串、并联分支组成的风网，其稳定性强，只有风网动力源改变时，才能发生风流反向。角联风网中，对角分支的风流易出现不稳定的情况。实际情况下，大多数采施工作面都处在潜在的角联风网中，应在相应井巷中安设备用风门，保证风流的稳定。

2. 主要通风机运行状态变化对矿井通风稳定性有重大影响

主要通风机、辅助通风机数量和运转参数的变化，不仅会引起风机所在井巷的风量变化，而且会使风网中其他分支风量发生变化，特别是在多风机通风的矿井中，某一主要通风机工况的变化都会影响其他风机的工况，变化较大时，会出现部分井巷风量不足、停风甚至风流反向等严重隐患。

为保证通风系统的动态稳定，必须及时对通风系统进行合理的调整。局部风量调节包括增阻调节法、减阻调节法和增加风压调节法（如在需增风的分支增设辅助通风机、利用自然风压调节部分分支的风量）。矿井总风量调节包括改变主要通风机工作特性（如改变风机转速或叶片安装角度、调节前后导器、更换风机等）和改变矿井总风阻（采用风门调节、增减井下井巷风阻等方法）。另外，合理调整井下通风网络结构，不仅对降低井下通风阻力有利，对提高通风系统的稳定性和防灾抗灾能力都是很有好处的。

3. 完善的矿井通风系统是矿井安全生产的保证

根据不同类型矿井通风系统的要求，具体制定出每一类型矿井通风系统的设计规范可提高矿井设计的质量。矿井通风系统的类型不同，通风管理的标准则也有差异。根据每一类型矿井通风系统的特点制定出具体的管理标准，可使通风管理有的放矢。

采区通风系统是矿井通风系统的核心，采区通风系统的结构决定了矿井通风系统的重要参数和指标（如漏风量、稳定程度等），因而合理的采区通风系统是保证矿井安全生产的基础。采区通风系统的合理与否主要取决于回采工作面的通风系统。回采工作面的通风系统由影响矿井安全的瓦斯、高温和自然发火等因素所决定，因而应根据回采工作面进、回风巷道的布置方式和数量来决定其通风系统。

瓦斯、煤尘、煤炭自燃等事故发生的原因是多方面的，其中矿井通风系统不完善是导致这些事故发生的主要因素。因此，要减少这些事故的发生必须提高矿井通风系统防灾、抗灾能力，即要提高矿井通风系统的安全性。矿井通风系统的安全性是矿井通风系统安全性的定量描述，是指矿井通风系统的安全程度。

（四）矿井通风系统安全性

安全性与可靠性存在十分密切的联系，但系统的安全性和可靠性是两个不同的概念。

可靠性是指系统或元件在规定条件下、规定时间内完成规定功能的能力。只要系统能够完成规定的功能，不管是否带来安全问题，都是可靠的。安全性则要求识别系统的危险所在，并将其排除。可靠性与安全性有共同之处，从某种程度上讲，可靠性高的系统通常其安全性也高。许多事故之所以发生，就是由于系统可靠性较低。

矿井通风系统安全性有两层含义：一是保证矿井的正常生产；二是能够预防和控制灾害事故的发生。

1. 安全性要求

矿井通风系统的安全性应满足以下要求：

（1）矿井通风系统结构具有较强的控制各种自然灾害的能力，并在因其他原因引起事故时，能及时地控制和消除事故。

（2）有利于排除瓦斯、矿尘和热量，有利于防治煤炭自燃。

（3）通风系统稳定可靠。

（4）各用风地点的风量满足需要，可调性强。

2. 评价指标

矿井通风系统安全性评价不同于目前煤矿安全评比，也不同于安全检查，目前的检查评比注重矿井通风的管理。矿井通风系统安全性的评价是客观评价矿井通风系统结构本身的安全性。因此，确定的评价指标应能客观地反映矿井通风系统结构安全的质量。

从安全角度出发，对矿井通风系统组成结构进行全面系统的分析，可参考《煤矿安全规程》和《生产矿井质量标准化标准》的有关规定和指标及现场科技人员的经验，并根据主从相关原则、回归关系原则和方向性原则，确定如下 9 个矿井通风系统安全性的评价指标：

（1）主要通风机运转的稳定性。主要通风机担负整个矿井或某个区域的通风，其运转是否稳定对矿井通风系统的安全可靠性具有决定性的影响。如果主要通风机不能稳定运转，会使其所担负的区域内的风流不稳定。所以，主要通风机运转的稳定性是矿井通风系统安全性最重要的指标。

（2）用风地点分区通风、风量满足要求的程度。《煤矿安全规程》规定，每一生产水平都必须布置回风巷，实行分区通风；采煤工作面和掘进工作面都应采用独立通风。风量满足要求是创造良好的劳动环境、防止瓦斯积聚和粉尘浓度超限的基本措施。

（3）矿井风量供需比。矿井实际风量满足要求是保持井下各用风地点有足够风量的前提条件，也是改善劳动环境和安全生产的基础。

（4）矿井通风系统及设备状况。煤炭自燃直接威胁着矿井的安全生产，瓦斯积聚可导致瓦斯爆炸，而瓦斯积聚和煤炭自燃与矿井通风系统和设备有着直接的联系。

（5）矿井风压。矿井风压越高，矿井通风阻力越大，矿井通风管理难度越大，漏风量也就越大，从而导致煤炭自燃的可能性也越大。所以，风压是反映矿井通风系统安全性的重要指标。

（6）反风系统灵活可靠性。《煤矿安全规程》规定，生产矿井主要通风机必须装有反风设施，必须能在 10 min 内改变巷道中的风流方向。当风流方向改变后，主要通风机的供给风量不应小于正常风量的 40%。反风系统是在灾害发生后，防止灾害事故扩大的重要技术措施。

（7）通风设施和设备的自动监控程度。通风设备（主要通风机和局部通风机）运转是否正常直接影响着矿井的安全生产。风门失控可导致井下通风系统的紊乱及风流短路，从而严重危及矿井生产的安全性。所以，通风设备及风门是否装有自动监控系统是衡量矿井通风系统安全性的重要指标。

（8）调节设施的合理性。调节设施越多，矿井通风系统越复杂，通风设施布置是否合理对矿井通风系统具有重大的影响。

（9）隔爆设施数量和质量。《煤矿安全规程》规定，开采有煤尘爆炸危险煤层的矿井，矿井的两翼、相邻的采区、相邻的煤层和相邻的工作面，都必须用水棚或岩粉棚隔开。隔爆设施是防止爆炸传播的主要手段。

3. 评价指标的权值

矿井通风系统安全性评价的 9 个指标对矿井通风系统安全性影响的重要程度，常选用一定的数值来表示（称为"权值"）。通常应用层次分析法（AD）确定评价指标的权值。

二、矿井通风系统的优化

1. 矿井通风系统优化措施

对于生产矿井，因地质条件和开采技术条件的变化而导致的生产布局的改变，会使通风网络随之改变，随着瓦斯、火灾等自然灾害的变化，各用风地点的需风量也将发生改变。为始终保证风量按得分配，必须进行风量调节和通风系统改造。矿井通风系统改造的具体措施大体包括 3 点。

1）降低矿井通风阻力

降低矿井通风阻力的主要技术措施包括：

（1）采用并联风网。

（2）新掘井巷，缩短通风线路长度；改变通风网络结构，合理调配主要通风机负担（合理规划采掘生产布局，实现均衡生产）。

（3）调整风机负担范围，充分发挥现有风机能力。

（4）改善矿井通风布局。

（5）扩大巷道断面、加强井巷维修、清除杂物、消除局部阻力等。

2）合理确定主要通风机的工作参数

改变通风动力的主要措施包括：

（1）对于轴流式通风机可采用调整叶片数目和角度；离心式通风机可采用改变通风机转速来改变通风机的能力。

（2）更换驱动电机能力或调速方式。

（3）必要时可直接更换主要通风机及其配套电机。

（4）特殊条件下可考虑多风机联合运转。

3）改变矿井通风网络结构

改变矿井通风网络结构的主要措施包括：

（1）调整采掘布局。

（2）调整通风系统。

（3）封堵漏风。

（4）改变通风构筑物位置和能力。

2. 矿井通风系统优化步骤

1）根据生产要求，确定通风系统技术改造目标

对于挖潜改造的矿井，通风系统技术改造的目标大致有：

（1）摸清矿井通风现状，即对矿井主要通风机运行状态进行性能测定、测定矿井井巷的通风阻力、查明矿井内部及外部漏风情况。

（2）采取以降低通风网络阻力（如加强巷修、扩大风道断面、调整系统、增加并联风道、开拓新风井等）、提高风机能力与效率（如改造老、旧、杂风机，更新高效风机，合理调节风机，改进风机附属装置）、堵塞漏风等为主的综合治理措施。

（3）提高系统稳定性。

（4）优化不同时期的通风系统。

2）对通风系统现状进行调查

通风系统现状调查必须掌握以下基础资料：

（1）符合目前情况的通风系统图和通风网络图。

（2）近期的通风月报。

（3）矿井主要通风机相关参数（型号、转速、叶片安装角、电机功率、扩散器质量等）。

（4）矿井开拓平面图。

（5）矿井通风技术测定资料（矿井通风阻力测定报告、主要通风机性能测定报告、

矿井风量分布状况、漏风测定报告、矿井通风网络解算报告）。

3）对矿井通风现状进行分析

在矿井通风现状调查的基础上重点做好以下工作：

（1）分析主要通风机及其装置性能的优劣，结合矿井通风网络进行主要通风机能力核定。

（2）对通风阻力测定结果进行分析，找出矿井通风阻力分布规律，重点查明高阻力和高风阻区段。

（3）分析井巷风量、风速分布情况，判断风速是否符合《煤矿安全规程》的规定；掌握瓦斯等有害气体浓度分布，以便确定风量调配方案。

（4）分析矿井通风网络结构的合理性（要求有害角联分支少，只需设置很少的通风设施就能保证风量按需分配且风流稳定、通风总阻力和总风阻小、风机运行稳定）。

4）拟订矿井通风系统改造方案

根据国家有关法规和矿井通风现状调查资料，结合矿井生产发展规划和矿井自然地质条件，以优化通风系统为目标，因地制宜、对症下药地拟定改造方案。在拟订方案时要注意将通风机和井下通风网络作为一个整体来考虑，采取综合措施，既要考虑到充分利用现有通风井巷和通风设备，力争选用先进的技术装备，做到投资少、见效快，又要使改造后的矿井通风系统网络结构合理，主要通风机性能与井下网络特性相匹配，适应矿井生产发展的需要，且经济效益好。

5）利用计算机对通风系统改造方案进行模拟

经筛选后获得几个通风系统改造方案后，可将有关参数输入计算机进行网络解算，对各种方案进行模拟、分析，以便得到最优方案。

6）确定矿井通风系统技术改造的最优方案

所有方案模拟结束后，应分析各方案实施后的效果。重点再关注主要井巷风量、风速是否满足要求，主要通风机工况点是否合理、主要通风机可调节的范围及变化幅度，方案实施后对矿井瓦斯等灾害的治理影响情况。

3. 近年来我国煤矿在通风系统优化方面取得的成绩

1）矿井通风方式出现变革

过去，我国煤矿的通风方式以中央式、对角式为主，随着矿井生产规模的不断扩大，根据矿井的特点和需要，把中央式通风演变为中央对角式混合通风系统。最近，为适应综采集约化生产，对矿井采用分区域开拓，形成区域式通风系统，即每个区域均有一组进、回风井，各个区域采用相对独立的通风技术。该通风系统具有通风线路短、风阻小、区域间干扰小、安全性好，便于选择主要通风机，使其实现高效节能的特点，提高了矿井的通风能力和抗灾能力，适用于特大型矿井或井田地质条件须把井田划为若干个相对独立生产区域的矿井。总之，新建大型矿井通风系统以对角式、分区式和区域式为主，改扩建的生产矿井以混合式为主。

2）主要通风机的经济运行能力提高

为提高主要通风机的经济运行能力，主要开展了以下工作：

（1）为适应通风系统的变化和生产集约化的要求，自 20 世纪 80 年代以来，我国相继出现 2K 系列、GAF 系列的轴流式风机和 G4、K4 系列的离心式风机。20 世纪 90 年代，依托于国家"八五"科技攻关项目，研制出刚型和 BDK 系列的对旋式风机。在原煤炭工业部"九五"攻关项目中，无驼峰式轴流风机的研制成功增大了通风机的稳定工作区域。目前，BDK（和 BD）系列对旋式主要通风机已成为新建和改扩建矿井的主导产品。该系列风机具有能耗低、效率高、噪声低的特点，因而迅速在我国煤矿推广。

（2）研制出了风机的调速装置，如可控硅调速、液力偶合器和变频调速装置。

（3）加强了主要通风机及其附属装置管理，减少风硐、风机内部及扩散器的阻力和漏风，提高了通风机运行效率。在生产矿井进行老、旧风机的运行状态改造中，针对通风机特性与通风网络风阻特性匹配差、主要通风机选型偏大、通风机转速偏高、电机容量偏大、风机长期处于低效区运行等问题，提出了一整套风机经济运行的办法，对老、旧风机实施了多种技术改造，如采取更换机芯、改造叶轮和叶片等办法提高风机运行效率。

3）采区通风系统逐步得到优化

优化采区和工作面的通风系统能有效增加通风能力，提高治理瓦斯的效果。随着集约化生产和矿井向深部发展，采区和采煤工作面的绝对瓦斯涌出量剧增，这就要求采区和采煤工作面的通风能力迅速增大。在采区的通风系统布置方面，《煤矿安全规程》规定，生产水平和采区必须实行分区通风。准备采区，必须在采区构成通风系统后，方可开掘其他巷道。采煤工作面必须在采区构成完整的通风、排水系统后，方可回采。高瓦斯矿井、有煤（岩）与瓦斯（二氧化碳）突出危险的矿井的每个采区和开采容易自燃煤层的采区，必须设置至少 1 条专用回风巷；低瓦斯矿井开采煤层群和分层开采采用联合布置的采区，必须设置 1 条专用回风巷。采区进、回风巷必须贯穿整个采区，严禁一段为进风巷、一段为回风巷。如此有利于采区内采煤工作面和掘进工作面的独立通风，提高了采区的通风能力和风流的稳定性，也为保证采区的局部反风和作业人员的安全脱险提供了有利条件。

对于无自然发火危险的高瓦斯矿井，采煤工作面在常规的 U 型通风系统的基础上，提出了 U + L 型方式，较有效地解决了采煤工作面上隅角瓦斯积聚问题，促进了采空区瓦斯的排放。为了防止专用瓦斯排放巷瓦斯超限，又提出了 Y 型的通风布置方式。还采用了 W 型和 Z 型等布置方式，在适宜条件下均取得了较理想的通风效果，极大地改善了采煤工作面的通风条件，保证了安全回采。

4）新型通风设施得到使用

为适应矿井灾变时期风流控制的需要，研制出了能在地面利用矿井环境监控系统或远程控制系统操纵井下主要风门的自动监控系统，为矿井救灾提供了方便。

掘进通风装备系列化工作稳步前进。为保证掘进工作面的有效通风，使局部通风机连续稳定的安全运转，已开发出多种系列的新型局部通风机，特别是新型对旋式、无摩擦火花型和安全摩擦火花型系列局部通风机的出现，极大提高了掘进通风的可靠性。在高瓦斯矿井和突出矿井，局部通风机实行"三专两闭锁"、"双风机双电源"自动倒风，提高了掘进工作面的安全水平。

第五节　矿井通风能力核定

一、矿井通风能力核定的要求及内容

（1）煤矿企业必须按照《煤矿通风能力核定办法（试行）》每年进行一次矿井通风能力核定工作，并根据核定的矿井通风能力科学合理地组织生产，严禁超通风能力生产。各级煤炭行业管理部门和安全生产监督管理部门，要加强对煤矿企业按照核定的矿井通风能力组织生产情况的监督管理。煤矿安全监察机构要加大对煤矿企业按核定的矿井通风能力组织生产的监察执法力度。

（2）矿井通风能力核定以具有独立通风系统的合法生产矿井为单位。

（3）矿井通风能力核定的程序、组织与核准，按国家发展和改革委员会印发的《煤矿生产能力核定的若干规定》［发改运行（2004）2544号］（以下简称《若干规定》）执行。煤炭生产许可证颁发管理机关审查核准矿井通风能力后，要将结果抄送煤矿安全监察机构备案。

（4）发生下列情形之一且造成矿井通风能力发生变化的，必须重新核定矿井通风能力，并在30日内核定完成：①通风系统发生变化；②生产工艺发生变化；③矿井瓦斯等级发生变化或瓦斯赋存条件发生重大变化；④实施政建、扩建、技术改造，并经"三同时"验收合格；⑤其他影响到矿井通风能力的重大变化。

（5）国家煤矿安全监察机构、国家发展和改革委员会及各级煤炭行业管理部门监督监察、组织指导全国煤矿的通风能力核定工作。

（6）从事通风能力核定工作的机构和人员必须具备相关的专业知识。核定工作中要严格执行国家有关法律法规和技术规范、标准，科学公正、实事求是地开展核定工作，并对核定结果负责。对在矿井通风能力核定过程中弄虚作假的行为要依法追究相关人员的责任。

二、矿井通风能力核定方法

矿井有两个以上通风系统时，应按照每一个通风系统分别进行通风能力核定，矿井的通风能力为每一通风系统通风能力之和。

矿井通风能力核定采用总体核算法或由里向外核算法计算。

1. 总体检算法

产量在30万t/a以下的矿井可使用本法。

1）公式1（较适用于低瓦斯矿井）

$$P = \frac{Q_\text{进} \times 330}{qk \times 10^4}$$

式中　　P——通风能力，10^4t/a；

　　　$Q_\text{进}$——矿井总进风量，m^3/min；

　　　q——平均日产1t煤需要的风量，m^3/t；

　　　k——矿井通风系数，取1.3~1.5，取值范围不得低于此取值范围，并结合当地煤炭企业实际情况恰当选取确保瓦斯不超限的系数。

进行q的计算时，首先应对上年度供风量的安全、合理、经济性进行认真分析与评价，对上年度生产能力安排合理性进行必要的分析与评价，并对串联和瓦斯超限等因素掩盖的吨煤供风量不足要加以修正，q的计算应考虑近3年来的变化，取其合理值。

2）公式2（较适用于高瓦斯、突出矿井和有冲击地压的矿井）

$$P = \frac{Q_\text{进} \times 330}{0.0926 \times q_\text{相} \sum k \times 10^4}$$

式中　　　P——通风能力，万t/a；

　　　$Q_\text{进}$——矿井总进风量，m^3/min；

　　0.0926——总回风巷按瓦斯浓度不超0.75%核算为单位分钟的常数；

　　　$q_\text{相}$——矿井瓦斯相对涌出量，m^3/t；

　　　$\sum k$——综合系数，$\sum k = k_\text{产} k_\text{瓦} k_\text{备} k_\text{漏}$，$\sum k$取值范围见表6-1。

在通风能力核定时，当矿井有瓦斯抽放时，$q_\text{相}$应扣除矿井永久抽放系统所抽的瓦斯量。$q_\text{相}$取值不小于10，小于10时按10计算。扣减瓦斯抽放量时应符合以下要求：

（1）与正常生产的采掘工作面风排瓦斯无关的抽放量不得扣减（如封闭已开采完的采区进行瓦斯抽放作为瓦斯利用补充源等）。

（2）未计入矿井瓦斯等级鉴定计算范围的瓦斯抽放量不得扣除。

（3）扣除部分的瓦斯抽放量取当年平均值。

表 6-1　$\sum k$ 取 值 表

k 值	概　　念	取 值 范 围	备　　注
$k_产$	矿井产量不均衡系数	$\dfrac{产量最高月平均日产量}{年平均日产量}$	
$k_瓦$	矿井瓦斯涌出不均衡系数	高瓦斯矿井不小于 1.2 突出矿井、冲击地压矿井不小于 1.3	
$k_备$	备用工作面用风系数	$k_备 = 1.0 + n_备 0.05$	$n_备$ 为备用回采工作面个数
$k_漏$	矿井内部漏风系数	$\dfrac{矿井总进风量年平均值}{矿井有效风量年平均值}$	

（4）如本年进行完矿井瓦斯等级鉴定的，取本年矿井瓦斯等级鉴定结果；未进行完矿井瓦斯等级鉴定的，取上年矿井瓦斯等级鉴定结果。

2. 由里向外核算法

产量在 30 万 t/a 以上矿井可使用本法。

1）生产矿井需要风量

按采煤、掘进工作面，硐室及其他巷道等用风地点分别进行计算。现有通风系统必须保证各用风地点稳定可靠供风。

$$Q_矿 \geq (\sum Q_采 + \sum Q_掘 + \sum Q_硐 + \sum Q_备 + \sum Q_{其他})K_{矿通}$$

式中　　$\sum Q_采$——采煤工作面实际需要风量的总和,m^3/min；

$\qquad\sum Q_掘$——掘进工作面实际需要风量的总和,m^3/min；

$\qquad\sum Q_硐$——硐室实际需要风量的总和,m^3/min；

$\qquad\sum Q_备$——备用工作面实际需要风量的总和,m^3/min；

$\qquad\sum Q_{其他}$——矿井除了采、掘、硐室地点以外的其他巷道实际需风量的总和,m^3/min；

$\qquad K_{矿通}$——矿井通风系数（抽出式通风时,$K_{矿通} = 1.15 \sim 1.2$；压入式通风时,$K_{矿通} = 1.25 \sim 1.3$）。

2）矿井通风能力计算

按照矿井总进风量与矿井各用风地点的需风量（有效风量）计算出采掘工作面个数

（按合理采掘比 m_1、m_2），取当年度每个采掘工作面的计划产量，计算矿井通风能力。

$$P = \sum_{i}^{m_1} P_{采i} + \sum_{j}^{m_2} P_{掘j}$$

式中　　　P——矿井通风能力，万 t/a；

$\sum_{i}^{m_1} P_{采i}$——第 i 个回采工作面正常生产条件下的年产量，万 t/a；

$\sum_{j}^{m_2} P_{掘j}$——第 j 个掘进工作面正常掘进条件下的年进尺换算成煤的产量，万 t/a；

　　m_1——回采工作面的数量，个；

　　m_2——掘进工作面的数量，个；m_1 与 m_2 应符合合理采掘比。

关于矿井通风能力计算的规定：

（1）根据矿井各个用风地点的需要风量，从矿井总进风量中合理分配，分配时应该考虑矿井通风系数，最后确定矿井各个采掘作业地点的个数。

（2）根据最后确定矿井各个采掘作业地点的个数，以及当年各个采掘工作面的计划产量，计算矿井通风能力。

第六节　我国煤矿矿井通风技术的发展

20 世纪 80 年代以来，随着煤矿机械化水平的提高，采煤方法、巷道布置及支护的改革，电子和计算机技术的发展，我国矿井通风技术有了长足的进步，通风管理日益规范化、系列化、制度化，通风新技术和新装备越来越多地投入应用。以低耗、高效、安全为准则的通风系统优化改造在许多煤矿得以实施，使其能够更好地为高产、高效、安全的集约化生产提供安全保障。

井工开采是地下作业，井下作业场所的新鲜空气是依靠通风不断地供给的。矿井通风是依靠风机等动力将矿井需要的新鲜空气、沿着井巷网络输送到采煤工作面、掘进工作面、硐室和其他用风地点，以满足这些地下的作业环境和安全要求，同时将用过的污浊空气排出地面的过程。因此，矿井通风工作的好坏直接关系到矿井正常生产和职工的生命安全与身体健康。矿井通风是矿井安全工作的基础，是稀释和排除矿井瓦斯与粉尘最有效、最可靠的方法，也是创造良好环境的基本途径，而合理的通风又是抑制煤炭自燃和火灾发展的重要手段。目前井工煤矿用通风方法约排除全矿井瓦斯数的 80% ~90%，排除采煤工作面瓦斯量的 70% ~80%，排除装有抑尘装置采煤工作面粉尘的 20% ~30%，排除深井采煤工作面热量的 60% ~70%，供给矿井的新鲜空气的质量约是矿井采煤量的 5 ~18 倍。由此可见矿井通风在煤矿生产过程中的地位是矿井中不可缺少的重要环节，因此提高矿井的通风技术与管理水平是保证矿井正常生产和安全状况的基本任务之一。为此，原煤炭工业部对矿井的通风技术发展和科研工作非常重视，自 20 世纪 80 年代起，狠抓了矿井通风系统的收造工作，合理调整矿井通风系统，保证矿井有足够的风量，使矿井风流更加可靠与稳定，这些年又狠抓了矿井通风设施的配套装备，加强了掘进通风安全技术装备系列化，强化了局部通风系统的安全可靠性。为适应高产高效矿井生产的需要，改革与简化了矿井与采区的通风系统，研制了新型高效的大型通风设备，提高了矿井与采区的通风能力。使国有重点煤矿的矿井等积孔由 20 世纪 80 年代初的 2.45 m 上升到 90 年代的 3.27 m，从而改善了矿井通风条件，有力地保证了矿井供风量的要求。提高矿井防灾抗灾能力，使煤矿的安全生产面貌逐年好转。与此同时，通风技术有了长足的进步。新技术与新装备的应用、优化技术的发展、管理的科学化等方面工作的发展，使矿井通风更加安全可靠、经济合理，所取得的成果可归纳为如下 10 个方面。

一、矿井供风标准和风量计算方法的制定

我国矿井的风量计算方法在 20 世纪 80 年代前沿用了苏联的方法，即按矿井瓦斯等级来确定吨煤供风标准：Ⅰ级瓦斯矿井日产 1 吨煤需要的风量为 1.00 m^3/min；Ⅱ级瓦斯矿井为 1.25 m^3/min；Ⅲ级瓦斯矿井为 1.50 m^3/min；超级瓦斯矿井的风量必须保证总风流中的瓦斯或二氧化碳浓度不超过 0.75%，同时日产 1 吨煤的需要风量不少于 1.5 m^3/min。这种计算方法简单，但在实际生产中存在问题较多，主要有：

（1）矿井的采煤、掘进、硐室等用风地点各有自己的通风目标与用风要求，采用单一的产量指标来计算供风量，不能概括不同的用风要求。

（2）矿井的瓦斯涌出量与产量的增长关系，不是完全按等比的增长，如矿井产量成倍增长，矿井的瓦斯涌出量不会成倍翻番，故矿井的供风量也不能成倍增长。

（3）对于相同的井型（设计产量），由于矿井地质赋存条件开采条件的不同，其采、掘工作面布置的数量不同，供风要求也不同，因此也不能用单一的产量指标计算。

（4）规定的供风标准经实践证明，对于生产比较集中的低瓦斯矿井、供风虽有较大的富裕，但对生产比较分散的高瓦斯矿井则显得供风量比较紧张。

我国通过对矿井实际供风量的调查和研究，提出了新的供风标准和风量的计算方法，其供风标准是以满足作业人员的呼吸，稀释和排除有害气体使其达到规定浓度以下及创造良好劳动气候条件为目标的；其计算方法是先对采煤、掘进、硐室和其他用风地点分别按各种供风标准计算，并取其最大需要风量值，然后"由里向外"计算出备用风地点、采区和全矿井的供给风量。这种计算方法比较符合实际，能满足矿井各个用风地点的风量要求，通风比较经济可靠。

二、矿井通风系统的合理调整和改造提高了矿井通风能力，增强了抗灾能力

矿井生产的发展、水平的延深、井型的扩大、瓦斯等级的变化都需要对矿井通风系统进行及时的调整与改造，以便矿井的通风能力适应矿井生产能力的需要与发展。各矿通过多年的改造实践，积累了一整套通风系统改造的经验。改造的方法都是先摸清矿井通风现状（即对矿井主要通风机运行状态进行性能测定、测定矿井井巷的通风阻力、查明矿井内部及外部漏风情况，然后在此基础上采取以降低通风网络阻力，加强巷修、扩大风道断面、调整系统、增加并联风道、开拓新风井等）、提高风机能力与效率（如改造老、旧、杂风机，更新高效风机，合理调整风机，改进风机附属装罩）、堵塞漏风等为主的综合治理措施，并根据生产的发展和采区的布置，编制各个时期的通风布置方案，最后采用电子计算机解算通风网络，核算矿井通风能力和风量分配，按照安全可靠和经济合理的原则，采取优化技术，确定最优的通风系统布置。

近年来，矿井向集约化发展。大型和特大型矿井的建设已使矿井通风方式突破原有的中央式、对角式、混合式等简单方式，出现了安全可靠性更强的区域式通风布置，即将矿井划分为若干个区域，每个区域均有一组进、回风井，各个区域相对独立的通风方式。实践证明，这种通风方式具有较强的降阻、降温作用。区域间干扰较小，提高了矿井的通风能力与抗灾能力，可以较好地适应大型矿井的通风要求。

三、主要通风机经济运行能力的提高

针对一些老、旧、杂风机的运行效率低、能耗大的现状，对矿井主要通风机运行情况作了较全面的调查与测试，找出了影响风机运行效率低的许多原因，主要包括4点：

（1）运行的风机性能与矿井通风网络特性不相匹配，使风机的运行工况大部分处于非高效区。

（2）主要通风机选型不合理，有的矿井设计的风量与风压偏大，使主要通风机选型偏大、风机转速偏高、电机容量偏大，形成主要通风机处于"大马拉小车"的运行状态，只能用闸门来控制工况，使风机长期处于低效区运行。

（3）矿井通风系统布置不合理、在矿井开拓部署时没有很好地考虑矿井的通风能力，有时形成单翼生产的局面，造成矿井通风阻力的增大，增大了风机的负担和能耗。

（4）风机的加工质量和维护管理条件差，造成风机叶轮的径向间隙大而不均匀、叶片和零部件的锈蚀、前导器等残缺，使风机性能达不到原设计要求。

在调研和改造实践的基础上，提出了整套风机经济运行的办法，包括5点：

（1）对老、旧风机进行了多种方法的技术改造，如采取更换机芯和改造叶轮与叶片等方法，提高风机运行效率。

（2）研制适用我国煤矿等积孔的低风压宽高效区的新型风机，如 GAF 型、2K56 等型号风机。

（3）研究离心式风机的调速装置，已研制了可控硅调速、液力偶合器和变频调速等装置。

（4）合理调整了矿井通风系统，使生产达到均衡，使通风网络与风机性能合理匹配，充分发挥了通风机能力。

（5）加强了通风机及其附属装置的维护管理，使其保持良好的运行状态，减少了风硐、风机内部和扩散塔的阻力损失和风量漏损，提高了通风机运行的整体效率。各矿在这些方面均有丰富的实践经验，且取得了良好的节能效果。

四、探讨了矿井反风的技术条件，制定了《反风条例》

20 世纪 80 年代末，在原煤炭工业部的领导下，对各种类型矿井进行了大量的反风试验，明确了全矿性反风、区域性反风和局部系统风流反风的应用条件，掌握了反风道反风、反转反风和利用备用风机的无地道反风等多种反风方法。在实验的基础上，收集大量的资料，探索了矿井反风期间瓦斯涌出量、反风风量、反风风压及封闭区内的变化关系，对旧《煤矿安全规程》（1992 年版以前的）原来制订的反风量规定作了理论和科学地分析，编制了较完善、安全可靠的《反风条例》。

五、改革采区和工作面的通风布置，有效地提高了通风能力和排除瓦斯效果

随着现代化生产和矿井向深部发展、采区和采煤工作的绝对瓦斯涌出量剧增，要求采区和采煤工作面的通风能力迅速增大。在采区的通风系统布置方面，出现了三条上山的布置方式。采区内有了独立的进风上山和独立的回风上山，有利于采区内采煤工作面和掘进工作面的独立通风，提高了采区的通风能力和风流的稳定性，为保证采区的局部反风和作业人员的安全脱险提供了有利条件。在采煤工作面的通风布置方面，在常规的 U 型通风布置的基础上，提出 U＋L 型方式（或称尾巷布置方式），改变了采空区的流场分布，较有效地防止了采煤工作面上隅角瓦斯积聚，加强采空区瓦斯的排放。为了防止尽巷瓦斯超限问题，又提出和采用了 Y 型的通风布置方式，由单独供风流直接稀释采空区涌出的瓦斯。此外还有 W 型和 Z 型等布置方式，均取得了较理想的通风效果，较大地改善了采煤工作面的通风条件，保证了安全回采。

六、高瓦斯煤巷掘进工作面普遍实现了掘进安全技术装备系列化

掘进巷道的通风可靠性差，常由于局部通风机的停电停风和风筒的破损造成掘进巷道内无风而引起瓦斯积聚，是瓦斯爆炸的多发地区。为了对掘进工作面进行有效地通风，保

证局部通风机的连续运转，在低瓦斯矿井普遍实现了采煤工作面与掘进工作面分别供电、局部通风机实行风电闭锁；在高瓦斯矿井和突出矿井，实现了以局部通风机供电"三专两闭锁"为主的掘进安全技术装备系列化，确保了局部通风机的可靠运转和掘进巷道的稳定通风。

七、深化均压通风技术，有效地控制了采空区漏风和自然发火

均压通风技术就是使采空区的主要漏风通道间的两端风压趋于相等，从而减少采空区的漏风，达到顶防止采空区自然发火的目的。我国于 20 世纪 60 年代开始在一些局矿运用这一技术。根据采空区所处的位置及漏风情况，研究和运用了多种均压方法，如均压风门、均压风机、均压连通管等多种均压设施，以及采取增加并联分支、角联风道等多种调节方法均取得了较好的防灭火效果。此外，在均压的监测、漏风通道的检查及均压自动控制等技术方面，均有新的发展，使均压通风技术日趋完善与深化，形成了一种独立的防灭火工艺技术。

八、开展了灾变时期风流特性的研究，提高了救灾时的风流控制能力

一些事故的发生常常会破坏原有的正常通风系统，扰乱风流，使事故产生的有害气体波及其他区域而造成事故火灾的扩大。因此，自 20 世纪 80 年代开始对火灾时期的风流特性进行了研究，对火灾烟流有害气体的产物、火灾温度的分布、风压的计算、火风压对通风网络的影响关系及风流逆转和逆退的条件等问题开展了实验和讨论研究。初步掌握了火灾烟流在井矿中的蔓延特征，编制了一些计算软件，并研制了火灾时期救灾辅助决策专家系统，为火灾时期进行抢险救灾、控制风流、减小灾情提供了较为科学的依据和手段。

九、开展了高温矿井空调技术的研究，改善了矿井环境条件

随着矿井向深部的延深，地温的问题日益严重，矿井的气候环境也日益恶化，严重影响了作业人员的身体健康和劳动效率的提高。因此，20 世纪 60 年代首先在淮南矿务局的九龙岗矿开展了矿井空调技术的研究，同时进行厂全国矿井的地温调查、高温矿井好动环境的考察及高温矿井职业病的调查。在矿内风流温度预测方面，研究和提出了计算方法，并编制了软件；在降温技术方面，研究了加强通风的降温技术和人工制冷技术，研制了多种制冷量的制冷机和多种形式的空冷器，在矿井实际空调工作中均取得了较好的效果，形成了一套较完备的、适合于我国矿井的电调技术与装备。

十、制定了《矿井通风质量标准》，提高了矿井通风管理水平

为了进一步推进矿井各有关部门对"一通三防"工作的齐抓共管，提高"一通三防"

的工程质量和管理水平，预防通风、瓦斯、煤尘和火灾事故。根据多年的管理经验，对矿井通风、局部通风、瓦斯管理、防突和瓦斯抽放、安全监测、防治自然发火、防尘和通风设施 8 个方面制订了质量标准和检查评比办法，并以此为标准进行定期检查和互检，督促通风管理水平的提高，发挥通风设施的效能，及时消除隐患，保证了矿井安全生产。

随着矿井生产的发展和科学技术的进步，矿井的通风技术和装备也将快速的发展。在通风装备力量将向大型化、高效化和自动化方向发展的同时，一些新型、高效、大功率的通风机将逐渐替代老旧产品，一些新型的、功能齐全的和智能化的通风参数测量仪表将应用于日常的通风检测工作，环境监测与监控系统将大范围广泛地应用于矿井的各通风环节，这些新技术和新产品的应用将进一步提高矿井通风的可靠性和运营的经济性。在通风理论方面，现代的空气动力学、热力学和传质理论将广泛应用于井下风流非稳态流动方面的研究，为研究深矿井的风流特性、火灾时的空气动力学和风流的实时控制提供理论依据；采空区内渗流理论的研究也将深入开展，为有效地控制采空区漏风，防止自然发火和提高瓦斯抽放效果提供依据；计算机的科学化管理和自动化控制技术将进一步得到推广应用。这些通风理论的突破及新技术、新工艺和新装备的应用，必将彻底改善煤矿井下环境，使矿井通风更加安全可靠，能够更有效地保证矿井安全生产。

第七章 培 训 指 导

一、编写教案的要求

一般来讲，教学工作预先应做好的计划有学期教学进度计划、单元（或课题）计划和课时计划。课时计划就是通常我们所说的教案。无论教师的教学经验如何，都有必要设计和使用教案。编写高质量的教案，要求教师必须注重自身编写技能的提高，并能掌握编写技巧和方法。

1. 认真领会教学大纲

教学大纲是根据教学计划，以纲要形式编制的，是有关教学的指导性文件。它反映了某一学科的教学目的、任务，教材内容的范围、深度和结构，教学进度以及教学方法上的基本要求，同时还体现了国家对某一领域培养规格上的统一要求。学习钻研教学大纲可以在以下方面对教师有所促进：

（1）从整体结构上了解某一领域的教学目的、任务，从而正确把握备课的方向，使备课能体现总的目标要求。

（2）从整体结构出发，掌握本领域的知识技能体系，了解各部分教学内容的作用及相互之间的内在联系，从而正确把握要领，统筹兼顾，全面安排，突出重点，照顾一般，为正确制定学期（学年）计划打下基础。

（3）有些教学大纲对教学方法逐章提出基本要求和建议，有的还在每章后详细列出学习后的思考题，了解这些对教师正确选择教学方法，组织学员进行练习，都有重要的参考价值。

2. 认真研究教材

教材是教学大纲的具体化，是学员学习的主要内容，也是教师教学的主要依据。所以，教师必须对教材进行认真详细地研究。钻研教材分通览和精读两种情况。

1）通览教材

通览教材一般是在教师接受教学任务后，将教科书浏览一遍，了解其结构，熟悉其内容，领会教材的编写意图。

2）精读教材

精读教材是在讲授该课前，对教材进行详细阅读和钻研。主要有以下做法：

（1）认真研读，反复推敲，以求融会贯通。对教材中的某一具体内容，不论是案例、习题还是注释，都要逐字逐句地细细体味，反复推敲，相互印证，理解教材编写的用意。对教材中的每一概念、定理、公式、法则、定律，要知其使用条件、适用范围，知道用它能说明、解释什么现象，能解决什么问题。特别是要把握好理论学习与技能训练的结合点。

（2）尽量多查阅资料，多方比较，以便择优而用。在钻研教科书的同时，要积极认真地查阅有关的教学参考资料和教学教研杂志。因为同一概念、原理、定律，往往有不同的陈述、不同的论证方法。要在对教材、教学参考资料、教学教研杂志深入研究和多角度进行比较的基础上，选取既严格而又易于接受，既概括而又便于应用的一种陈述及论证方法来讲述。

（3）设疑自答，调整充实，以图找准重点。在钻研教材的过程中，要多问几个为什么。例如，在教材中为什么要讲这个概念，讲这个概念为什么要用这个案例、做这类习题等。同时还要考虑教材中相关的案例、习题等有没有需要调换、补充的；本部分教学的重点是什么，应主要进行哪些思想教育，培养学员哪些能力等。特别值得注意的是教材编写是否体现技能为主的特点。对教材经过这样详细的研究后，教师应能说明以下问题：本部分在本领域教学中的地位和作用，教学时应达到的深度、广度，本部分可用来进行思想教育和能力培养的有利因素。

3. 正确理解和把握教学目标

教学目标是预期教学结束时学员必须获得的学习结果或终点行为，教学目标在整个教学过程中的地位十分重要。好的教案，应该是对教学目标的分解并反映出分阶段实现目标的过程。

4. 了解教学情境

了解教学情境有两层含义：一是了解教学的对象，即了解学员；二是了解教学场地和设备。

1）了解学员

要全面了解学员的思想、学习、生活情况，不仅要了解全体学员的基本状况，还应力争了解每个学员的具体情况。了解学员的方法和渠道是多方面的，如课堂接触、课间休息接触、课后个别谈话等都是常用且行之有效的方法。我们通常强调教师在备课的过程中要做到"三备"，其中一"备"就是备学员，即了解学员。备学员主要是在平时了解的基础上，集中进行分析研究，对学员的学习态度、接受知识的基础、个性特点、兴趣、爱好、思维方式等作出准确的估计。备学员的目的是使备课更有针对性，从学员的实际出发来确定教学目的，设计教学方案，确定教材的重点和难点，以及选择适合他们学习的教学方法等。

2）了解教学场地和设备

了解教学场地和设备，主要是了解普通教室和专用教室及场地的情况。要了解普通教室的面积、桌凳数量和质量、采光、黑板、供电、音响、放像、多媒体设备的情况及其周围的环境。对于专用教室的了解，要做到明确掌握专项教学活动设备是否齐全，性能是否良好。了解场地情况主要指了解实习教学场所，了解内容包括有无供教学用的实习设备、供电系统等。要了解其位置、场地划分状况、供电来源情况、器械设备及性能，以及各专用场地一次可以容纳的学员数量等情况。

了解教学情境后，教师便可根据多数学员的基本状况和个别学员的特殊情况，有针对地、恰当地确定教学的难点，然后教师综合教学重点、难点、教学情境，决定是否调整教学目标，以使编制的教案切实可行，取得理想的教学效果。

5. 恰当选取教学方法

教学方法是教师教的方式和由教师指导的学员学的方式的综合。教师借助于这些教和学的方式来完成教学任务。不解决教学方法的问题，要实现培训目的，完成具体的教学任务，是不大可能的。为在有限的时间内，把教学内容顺利地转化为学员的知识、技能、能力和思想观点，使学员的身心得到全面的发展，教师必须正确地选择好教学方法。

6. 准备好教具

为了便于学员理解和巩固某一概念或原理，掌握某一技能、技巧，教学时需要各种教具，如实物、标杆、模型、图片、挂图、幻灯、教学电影、教学录像、录音、教学仪器、药品等。对选用和自制的教具，要清楚详细地写入教案，并在课前准备妥当，以免用时忙乱。

7. 设计教学过程

教学过程是教师有目的、有计划地向学员传授知识、技能技巧，发展学员能力，进行政治教育和学员在教师指导下主动积极学习的过程。教学过程设计得当与否，直接关系到教学任务能否顺利完成。所以，设计教学过程是教案编写中极为重要的一步。

教师在设计教学过程时，需要注意以下3点：

（1）教学过程要贯彻启发式指导思想。教学过程是动态的互动互感的过程，教师每设计一个教学过程，都要考虑如何激发学员的积极性和主动性，使学员积极思考，认真实践，主动地学习知识、技能，提高发展能力。

（2）教学过程要坚持理论联系实际的原则。教师在依据教材逻辑顺序依次设计教学的过程时，要结合教材内容尽量多地让学员参加实践活动，如实验、实习、参观、调查等，丰富学员的感性知识，使之获得比较全面的知识。同时，对于接受在职培训的学员，还应注意尽可能将教材的内容与其实际工作相结合。

（3）教学过程必须紧扣教学目标。教案中所设计的师生课前、课中、课后所参与的各项教学活动，都要按照教学规律的要求，围绕教学的目标步步实现而设计。不允许与实现教学目标无关的内容占用课堂时间。

二、培训教学的主要方法

培训教学活动通常是结合工作需要开展的，内容十分丰富，教学方法也多种多样，主要方法有直接传授式、参与式、体验式和影视法。

1. 直接传授式

直接传授式是指教师按照一定的教学目的和计划要求，利用较为固定的教材，向学员传授知识和技能的教学方式。这种方法的主要特征就是信息交流的单向性和培训对象的被动性，是较为传统的培训教学形式。在教学组织形式上，与一般教学没有太大的区别。尽管这种方法有不少弊端，但仍有其独特之处。其具体形式主要有个别指导和开办讲座等。

（1）个别指导。个别指导类似于一般教学中的个别教学制，传统的师傅带徒弟就属于培训教学活动的个别指导形式。这种方法能清楚地掌握培训进度，让培训对象集中注意力，很快适应工作要求。

（2）开办讲座。开办讲座类似于一般教学中的班组授课制形式，主要是由一名主讲人向众多的培训对象同时介绍一个专题知识。这种教学形式比较省时省事，但是如果没有一定的技巧，讲座就达不到应有的效果。

2. 参与式

参与式也称互动式培训，这类方法的主要特征是每个培训对象都积极主动参与培训活动，从亲身参与中获得知识、技能和正确的行为方式。这类教学活动的形式一般较为灵活，教学内容的针对性一般比较强。在这种培训中，学员的主动性能在很大程度上得到调动，但教师仍然具有一定的主导作用，通常是在教师的引导下，学员主动参与培训。其主要方法有案例研究、参观访问、模拟训练和会议等。

3. 体验式

体验式教学法是目前在国外较为流行的一种方法，这种教学形式完全是由学员自己根据某一项目的要求，进行某一项目的训练，教师只起辅助说明的作用，并在训练结束后，组织学员就训练的情况进行讨论。具体形式有小组培训、室内培训和户外体验式训练等。

4. 影视法

影视法是运用电影、电视、投影等手段对学员进行培训，主要是为了增强培训的效果，提高培训工作的趣味性、生动性。影视法教学通常作为其他教学的辅助形式出现。

三、指导的内容和方法

1. 指导的内容

（1）帮助被指导者发现工作中的问题，将过去的工作与现在的工作进行对比，从而找出问题，再确定发展目标。

（2）帮助被指导者制定明确的目标，目标要起到激励作用，要清晰、有针对性。

（3）帮助被指导者制定改进工作，达到目标的计划或者方案。

（4）帮助被指导者学会自我评价。

（5）搜集并提供有关绩效的反馈信息。

2. 指导的方法

在指导过程中，指导者首先要与被指导者建立平等、和谐、合作的关系，与他们结伴而行，给他们起表率作用。导师与学员交往越深，建立的关系越和谐，就越能深入人心，指导的效果越理想。

1）建立和谐、融洽关系的方法

掌握这一方法的核心是树立与被指导者平等的观念，并具备足够的耐心。指导的关系是建立在彼此信任的基础上的，而信任需要"耐心"的维护。以下3方面能帮助指导者建立良好的关系：

（1）当被指导者与你在认知内容、态度上存在差异时，要注意耐心。

（2）当被指导者掌握要领较快、训练项目完成较好时，仍然需要精确的、渐进的解释。

（3）要不惜花费精力，耐心实践导师的角色，要让被指导者感受到指导者的重视。

2）改变被指导者不良行为的方法

指导工作的目的是为了使被指导者改进、提高工作质量和绩效，即改进原有的工作方法，掌握新的技术、技能等。要达到培训指导的目的，就必须通过行为的改变。指导改变行为大致可用4种方法或4个步骤：

（1）帮助被指导者找到工作中的问题，并就出现和现存的问题彼此达成一致的看法。

（2）就采取的行动达成共识。找到问题后，要与被指导者一起制定解决问题的方案。要鼓励被指导者积极参与提高改进的过程，启发其找到解决问题的办法。

（3）帮助被指导者预先计划行为改变的结果。要与被指导者讨论应采取的行为，并与其一起制定行为改变要达到的具体结果。

（4）将表现与基本需求挂钩。例如，某员工的基本需要是"增加独立性"，而其消极行为的结果是导致"更严格的监督"，如果将二者联系起来，有助于其改变不好的表现。

3）团体辅导的方法

与一对一的自我导向式指导法相对应的是团体辅导计划的方法。团体辅导、团队学习常用的方法有集体讨论、协商会、研讨会、专题研究和诊断会等。

4）提供反馈信息的方法

提供反馈信息是指导的一个不可缺少的非常关键的环节，目的是让被指导者明白是否达标、如何达标。提供反馈信息的原则是当指导者向指导对象反馈时，应做到以下几点：

（1）应让他也有说明的机会。

（2）在提出批评前应有肯定。

（3）对评论的现象不能以偏概全、一概而论。

（4）提出的问题和意见越具体、越明确越好，宜细不宜粗。

（5）突出意见的重点要集中在可以改进的方面。

（6）提出的改进意见要以工作或评判的标准为尺度。

（7）让他有机会答辩。

（8）应确认听清楚并理解了指导者的意见。

（9）最后应抓住一个鼓励的话题来结束。

附录一　井巷摩擦阻力系数

一、水平巷道

（1）不支护巷道 $\alpha \times 10^4$ 值见附表 1-1。

（2）混凝土、混凝土砖及砖石砌碹的平巷 $\alpha \times 10^4$ 值见附表 1-2。

附表 1-1　不支护巷道的 $\alpha \times 10^4$ 值

巷道壁的特征	$\alpha \times 10^4$
顺走向在煤层里开掘的巷道	58.8
交叉走向在岩层里开掘的巷道	68.6 ~ 78.4
巷壁与底板粗糙度相同的巷道	58.8 ~ 78.4
巷壁与底板粗糙度相同的巷道，在底板阻塞情况下	98 ~ 147

附表 1-2　砌碹平巷的 $\alpha \times 10^4$ 值

类　别	$\alpha \times 10^4$
混凝土砌碹、外抹灰浆	29.4 ~ 39.2
混凝土砌碹、不抹灰浆	49 ~ 68.6
砖砌碹、外面抹灰浆	24.5 ~ 29.4
砖砌碹、不抹灰浆	29.4 ~ 30.2
料石砌碹	39.2 ~ 49

注：巷道断面小者取大值。

（3）圆木棚子支护的巷道 $\alpha \times 10^4$ 值见附表 1-3。

附表 1-3　圆木棚子支护的巷道 $\alpha \times 10^4$ 值

木柱直径 d_0/cm	支架纵口径 $\Delta = L/d_0$ 时的 $\alpha \times 10^4$ 值							按断面校正	
	1	2	3	4	5	6	7	断面/m²	校正系数
15	88.2	115.2	137.2	155.8	174.4	164.6	158.8	1	1.2
16	90.16	118.6	141.1	161.7	180.3	167.6	159.7	2	1.1
17	92.12	121.5	141.1	165.6	185.2	169.5	162.7	3	1.0
18	94.03	123.5	148	169.5	190.1	171.5	164.6	4	0.93
20	96.04	127.4	154.8	177.4	198.9	175.4	168.6	5	0.89
22	99	133.3	156.8	185.2	208.7	178.4	171.5	6	0.8
24	102.9	138.2	167.6	193.1	217.6	192	174.4	8	0.82
26	104.9	143.1	174.4	199.9	225.4	198	180.3	10	0.78

注：表中 $\alpha \times 10^4$ 值适合于支架后净断面 $S = 3 \text{ m}^2$ 的巷道，对于其他断面的巷道应乘以校正系数。

（4）金属支架的巷道 $\alpha \times 10^4$ 值。

①工字梁拱形和梯形支架巷道的 $\alpha \times 10^4$ 值见附表 1－4。

附表 1－4　工字梁拱形和梯形支架的巷道 $\alpha \times 10^4$ 值

金属梁尺寸 d_0/cm	支架纵口径 $\Delta = L/d_0$ 时的 $\alpha \times 10^4$ 值					按断面校正	
	2	3	4	5	8	断面/m²	校正系数
10	107.8	147	176.4	205.4	245	3	1.08
12	127.4	166.6	205.8	245	294	4	1.00
14	137.2	186.2	225.4	284.2	333.2	6	0.91
16	147	205.8	254.8	313.6	392	8	0.88
18	156.8	225.4	294	382.2	431.2	10	0.84

注：d_0 为金属梁截面的高度。

②金属横梁和帮柱混合支护的平巷 $\alpha \times 10^4$ 值见附表 1－5。

附表 1－5　金属梁、柱支护的平巷 $\alpha \times 10^4$ 值

边柱厚度 d_0/cm	支架纵口径 $\Delta = L/d_0$ 时的 $\alpha \times 10^4$ 值					按断面校正	
	2	3	4	5	6	断面/m²	校正系数
40	156.8	176.4	205.8	215.6	235.2	3	1.08
						4	1.00
						6	0.91
						8	0.88
50	166.6	196.0	215.6	245.0	264.6	10	0.84

注：1. "帮柱"是混凝土或砌碹的柱子，呈方形。

2. 顶梁是由工字钢或 16 号槽钢加工的。

（5）钢筋混凝土预制支架的巷道 $\alpha \times 10^4$ 值为 88.2～186.2 N·s²/m⁴（纵口径大，取值也大）。

（6）锚杆或喷浆巷道的 $\alpha \times 10^4$ 值为 $78.4 \sim 117.6$ N·s²/m⁴，对于装有带式输送机的巷道 $\alpha \times 10^4$ 值可增加 $147 \sim 196$ N·s²/m⁴。

二、井筒、暗井及溜道

（1）无任何装备的清洁的混凝土和钢筋混凝土井筒 $\alpha \times 10^4$ 值见附表 1-6。

（2）砖和混凝土砖砌的无任何装备的井筒，其值 $\alpha \times 10^4$ 按附表 1-6 增大 1 倍。

（3）有装备的井筒，井壁用混凝土、钢筋混凝土、混凝土砖及砖、砌碹的平巷 $\alpha \times 10^4$ 值为 $343 \sim 490$ N·s²/m⁴，选取时应考虑到罐道梁的间距，装备物纵口径及有无梯子间和梯子间规格等。

（4）木支护的暗井和溜道 $\alpha \times 10^4$ 值见附表 1-7。

附表 1-6　无装备混凝土井筒 $\alpha \times 10^4$ 值

井筒直径/m	井筒断面/m²	$\alpha \times 10^4$	
		平滑的混凝土	不平滑的混凝土
4	12.6	33.3	39.2
5	19.6	31.4	37.2
6	28.3	31.4	37.2
7	38.5	29.4	35.3
8	50.3	29.4	35.3

附表 1-7　木支护的暗井和溜道 $\alpha \times 10^4$ 值

井筒特征	断面	$\alpha \times 10^4$
人行格间有平台的溜道	9	460.6
有人行格间的溜道	0.95	196
下放煤的溜道	1.8	156.8

三、矿井巷道 $\alpha \times 10^4$ 值的实际资料

沈阳煤矿设计研究院根据在抚顺、徐州、新汶、阳泉、大同、梅田、鹤岗 7 个矿务局 14 个矿井的实测资料，编制了供通风设计参考的 $\alpha \times 10^4$ 值见附表 1-8。

附表 1-8　井巷摩擦阻力系数 $\alpha \times 10^4$ 值

序号	巷道支护形式	巷道类别	巷道壁面特征	$\alpha \times 10^4$	选　取　参　考
1	锚喷支护	轨道平巷	光面爆破，凸凹度<150 mm	50~77	断面大，巷道整体凸凹度<50，近似砌碹的取小值，新开采区巷道，断面较小的取大值。断面大而成型差，凸凹度大的取大值
			普通爆破，凸凹度>150 mm	83~103	巷道整洁，底板喷水泥抹面的取小值，无道碴和锚杆外露的取大值
		轨道斜巷（设有行台阶）	光面爆破，凸凹度<150 mm	81~89	兼流水巷和无轨道的取小值
			普通爆破，凸凹度>150 mm	93~121	兼流水巷和无轨道的取小值；巷道成型不规整，底板不平的取大值
		通风行人巷（无轨道、台阶）	光面爆破，凸凹度<150 mm	68~75	底板不平，浮矸多的取大值；自然顶板层面光滑和底板积水的取小值
			普通爆破，凸凹度>150 mm	75~97	巷道平直，底板淤泥积水的取小值；四壁积尘，不整洁的老巷有少量杂物堆积取大值
		通风行人巷（无轨道、有台阶）	光面爆破，凸凹度<150 mm	72~84	兼流水巷的取小值
			普通爆破，凸凹度>150 mm	84~110	流水冲沟使底板严重不平的 α 值偏大
		带式输送机巷（铺轨）	光面爆破，凸凹度<150 mm	85~120	断面较大，全部喷混凝土固定道床的 $\alpha \times 10^4$ 值为 85。其余的一般均应取偏大值。吊挂带式输送机宽为 800~1000 mm
			普通爆破，凸凹度>150 mm	119~174	巷道底平，整洁的巷道取小值；底板不平，铺轨无道碴，带式输送机控底，积煤泥的取大值。落地式带式输送机宽为 1.2 m
2	喷砂浆支护	轨道平巷	普通爆破，凸凹度>150 mm	78~81	喷砂浆支护与喷混凝土支护巷道的摩擦阻力系数相近，同种类别巷道可按锚喷支护巷道选取

附表 1-8（续）

序号	巷道支护形式	巷道类别	巷道壁面特征	$\alpha \times 10^4$	选 取 参 考
3	锚杆支护	轨道平巷	锚杆外露 100 ~ 200 mm，锚间距 600 ~ 1000 mm	94 ~ 149	铺芭规整，自然顶板平整光滑的取小值；壁面波状凸凹度> 150 mm，近似不规整的裸体状取大值；沿煤巷道，底板为松散浮煤，一般取中间值
		带式输送机巷（铺轨）	锚杆外露 150 ~ 200 mm，锚间距 600 ~ 800 mm	127 ~ 153	落地式带式输送机宽为 800 ~ 1000 mm。断面小，铺芭不规整的取大值，断面大，自然顶板平整光滑取小值
4	料石砌碹支护	轨道平巷	壁面粗糙	49 ~ 61	断面大的取小值，断面小的取大值。巷道洒水清扫的取小值
		轨道平巷	壁面平滑	38 ~ 44	断面大的取小值，断面小的取大值。巷道洒水清扫的取小值
		带式输送机斜巷（铺轨设有行人台阶）	壁面粗糙	100 ~ 158	钢丝绳带式输送机宽为 1000 mm，下限值为推测值，供选取参考
5	毛石砌碹支护	轨道平巷	壁面粗糙	60 ~ 80	
6	混凝土棚支护	轨道平巷	断面 5 ~ 9，纵口径 4 ~ 5	100 ~ 190	依纵口径、断面选取 α 值。巷道整洁的完全棚，纵口径小的取小值
7	U 型钢支护	轨道平巷	断面 5 ~ 8，纵口径 4 ~ 8	135 ~ 181	按纵口径、断面选取，纵口径大的、完全棚支护的取小值。不完全棚大于完全棚的 α 值
		带式输送机巷（铺轨）	断面 9 ~ 10，纵口径 4 ~ 8	209 ~ 226	落地式带式输送机宽为 800 ~ 1000 mm，包括工字钢梁 U 型钢腿的支架
8	工字钢、钢轨支护	轨道平巷	断面 4 ~ 6，纵口径 7 ~ 9	123 ~ 134	包括工字钢与钢轨的混合支架。不完全棚支护的 α 大于完全棚的，纵口径等于 9 取小值
		带式输送机巷（铺轨）	断面 9 ~ 10，纵口径 4 ~ 8	209 ~ 226	工字钢与 U 型钢的混合支架与第 7 项带式输送机巷近似，单一种支护与混合支护 α 值近似

附表1-8（续）

序号	巷道支护形式	巷道类别	巷道壁面特征	$\alpha \times 10^4$	选　取　参　考
9	综采工作面	掩护式支架	采高<2 m,德国WS1.7型双柱式	300~330	系数值包括采煤机在工作面内的附加阻力（以下同）
			采高2~3 m,德国WS1.7型双柱式,德国贝考瑞特,国产OKⅡ型	260~310	分层开采铺金属网和工作面片帮严重、堆积浮煤多的取大值
			采高>3 m,德国WS1.7型双柱式	220~250	支架架设不整齐,有露顶的取大值
		支撑掩护式支架	采高2~3 m,国产ZY-3型4柱式	320~350	采高局部有变化、支架不齐则取大值
		支撑式支架	采高2~3 m,英国DT型4柱式	330~420	支架架设不整齐则取大值
10	普采工作面	单体液压支柱	采高<2 m	420~500	
		金属摩擦支柱,铰接顶梁	采高<2 m,DY-100型采煤机	450~550	支架排列较整齐,工作面内有少量金属支柱,等堆积物可取小值
		木支柱	采高<1.2 m,木支架较乱	600~650	
11	炮采工作面	金属摩擦支柱,铰接顶梁	采高<1.8 m,支架整齐	270~350	工作面每隔10 m用木垛支撑的实测α值为954~1050
		木支柱	采高<1.2 m,支架整齐	300~350	
			采高<1.2 m,木支架较乱	400~450	

附录二　井巷局部阻力系数 ξ 值表

附表2-1　各种巷道突然扩大与突然缩小的 ξ 值（光滑管道）

S_1/S_2	1	0.9	0.8	0.7	0.6	0.5	0.4	0.3	0.2	0.1	0.01	0
	0	0.01	0.04	0.09	0.16	0.25	0.36	0.49	0.64	0.81	0.98	1.0
	0	0.05	0.10	0.15	0.20	0.25	0.30	0.35	0.40	0.45	0.50	

附表2-2　其他几种局部阻力的 ξ 值（光滑管道）

0.6	0.1	0.2	有导风板0.2 无导风板1.4	0.75，当 $R_1=\frac{1}{3}b$ 0.52，当 $R_1=\frac{2}{3}b$	0.6，当 $R_1=\frac{1}{3}b$，$R_2=\frac{3}{2}b$ 0.3，当 $R_1=\frac{2}{3}b$，$R_2=\frac{17}{10}b$
3.6 当 $S_2=S_3$，$v_2=v_3$ 时	2.0 当风速为 v_2 时	1.0 当 $v_1=v_3$ 时	1.5 当风速为 v_2 时	1.5 当风速为 v_2 时	1.0 当风速为 v 时

附录三 离心式通风机特性曲线

一、K4-73-01型矿井离心式风机特性曲线

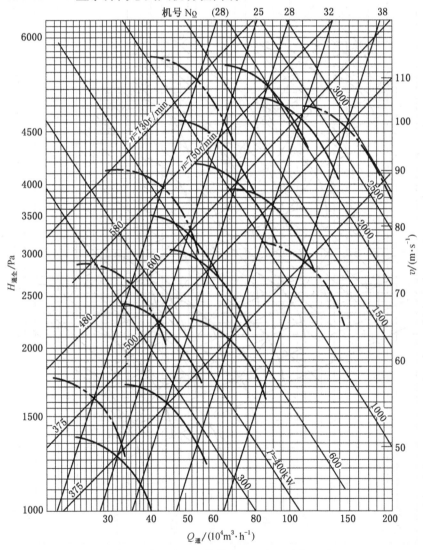

附图3-1 K4-73-01型矿井离心式风机特性曲线（括号内机号为T4-73-12№28型）

二、G4-73-11型离心式通风机特性曲线

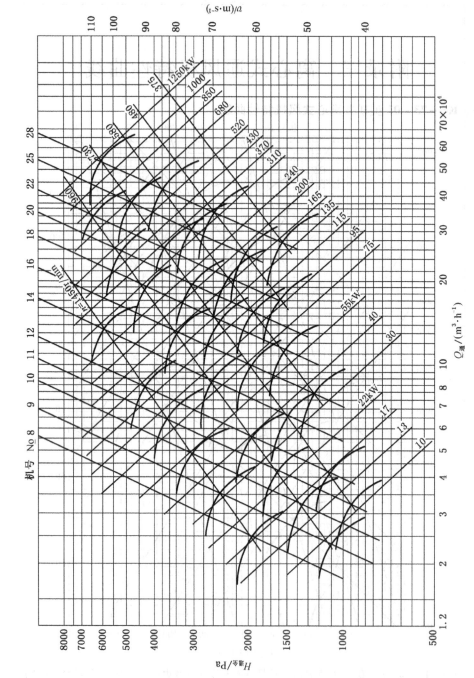

附图3-2 G4-73-11型离心式通风机特性曲线

附录四 轴流式通风机特性曲线

一、2K60 型轴流式通风机特性曲线

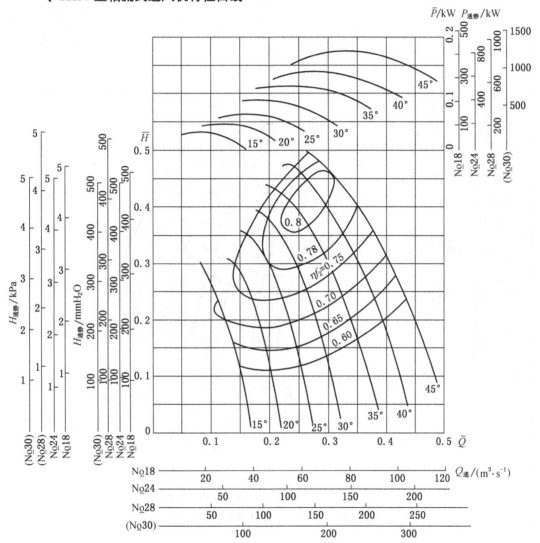

附图 4 - 1 2K60 型轴流式通风机特性曲线 ($Z_1 = 14$，$Z_2 = 14$，1 mmH$_2$O = 9.80665 Pa)

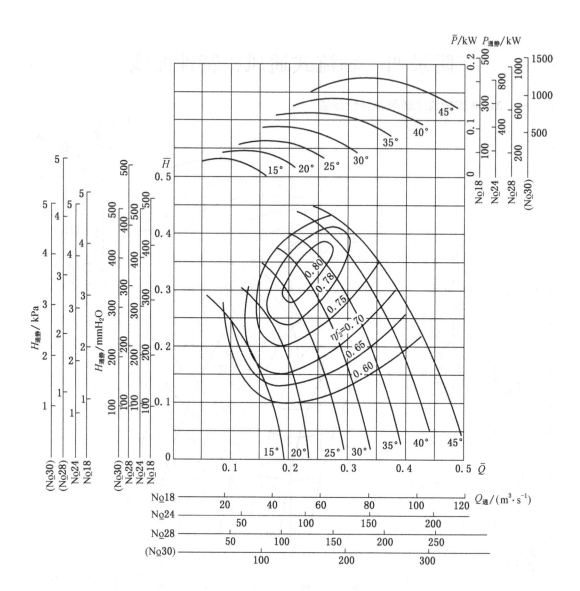

附图 4-2　2K60 型轴流式通风机特性曲线
（$Z_1 = 14$，$Z_2 = 7$，1 mmH$_2$O = 9.80665 Pa）

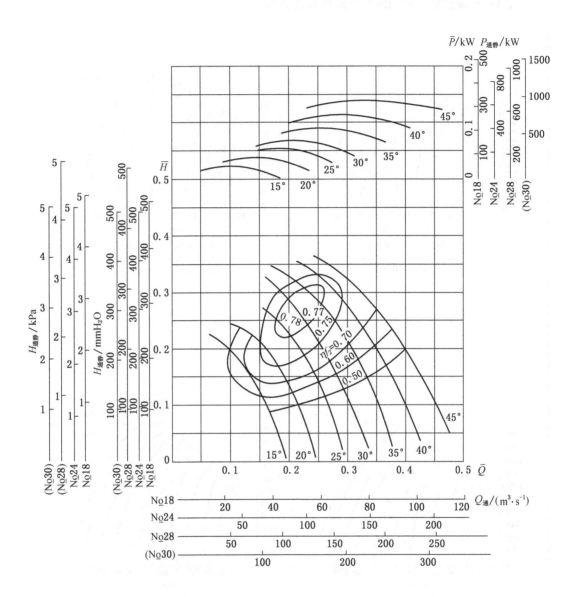

附图 4 - 3　2K60 型轴流式通风机特性曲线
($Z_1 = 7$, $Z_2 = 7$, 1 mmH$_2$O = 9.80665 Pa)

二、GAF 改造型矿井轴流式通风机特性曲线

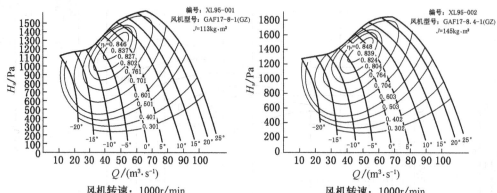

风机转速：1000r/min
介质密度：1.20kg/m³
介质温度：20.00℃

风机转速：1000r/min
介质密度：1.20kg/m³
介质温度：20.00℃

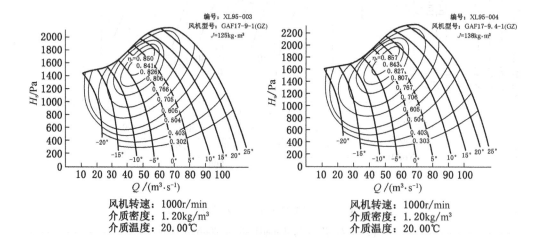

风机转速：1000r/min
介质密度：1.20kg/m³
介质温度：20.00℃

风机转速：1000r/min
介质密度：1.20kg/m³
介质温度：20.00℃

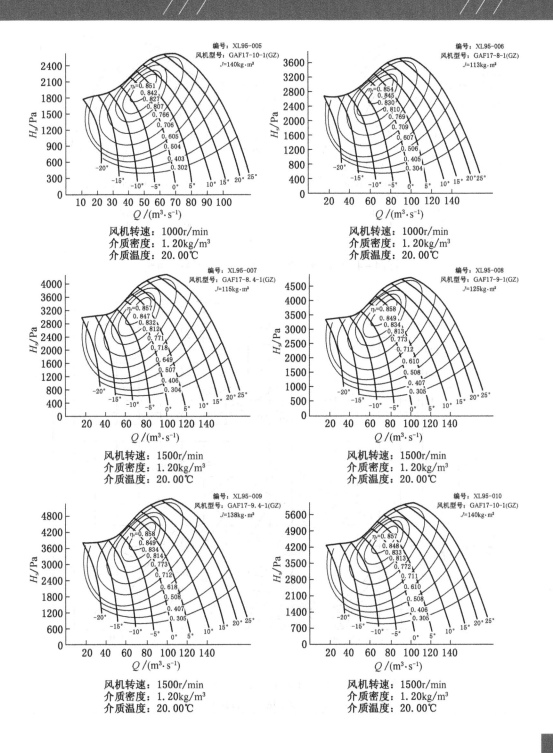

编号：XL95-005
风机型号：GAF17-10-1(GZ)
J=140kg·m²

风机转速：1000r/min
介质密度：1.20kg/m³
介质温度：20.00℃

编号：XL95-006
风机型号：GAF17-8-1(GZ)
J=113kg·m²

风机转速：1000r/min
介质密度：1.20kg/m³
介质温度：20.00℃

编号：XL95-007
风机型号：GAF17-8.4-1(GZ)
J=115kg·m²

风机转速：1500r/min
介质密度：1.20kg/m³
介质温度：20.00℃

编号：XL95-008
风机型号：GAF17-9-1(GZ)
J=125kg·m²

风机转速：1500r/min
介质密度：1.20kg/m³
介质温度：20.00℃

编号：XL95-009
风机型号：GAF17-9.4-1(GZ)
J=138kg·m²

风机转速：1500r/min
介质密度：1.20kg/m³
介质温度：20.00℃

编号：XL95-010
风机型号：GAF17-10-1(GZ)
J=140kg·m²

风机转速：1500r/min
介质密度：1.20kg/m³
介质温度：20.00℃

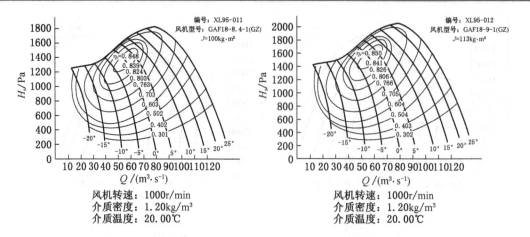

附图 4-4　GAF 改造型矿井轴流式通风机特性曲线

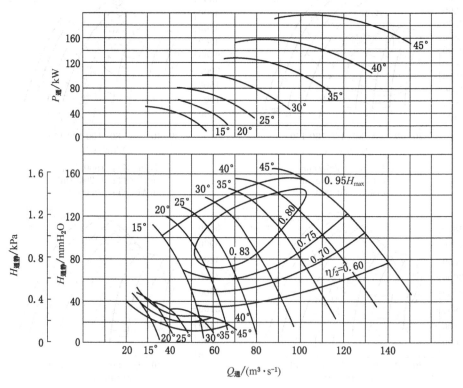

附图 4-5　62A14-11№24 型轴流式通风机特性曲线
（$n = 600$ r/min，叶片数 $Z = 16$，1 mmH$_2$O $= 9.80665$ Pa）

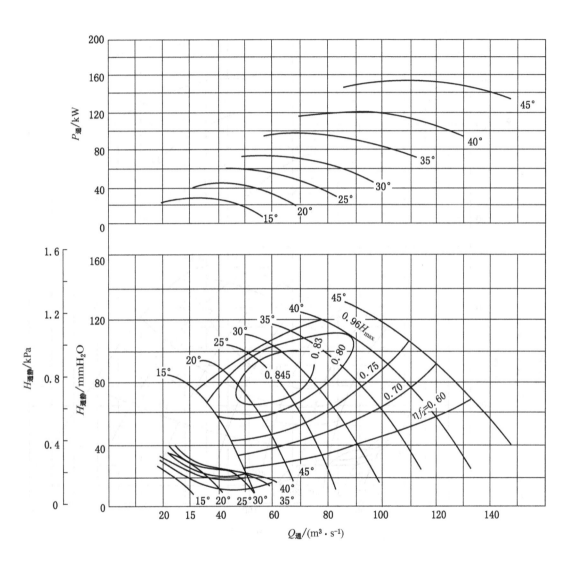

附图 4 - 6　62A14 - 11№24 型轴流式通风机特性曲线

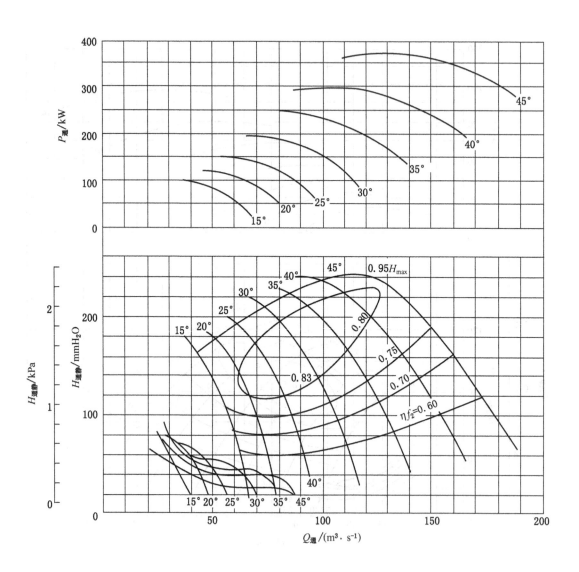

附图 4 - 7　62A14 - 11№24 型轴流式通风机特性曲线
（$n = 750$ r/min，叶片数 $Z = 16$，1 mmH$_2$O $= 9.80665$ Pa）

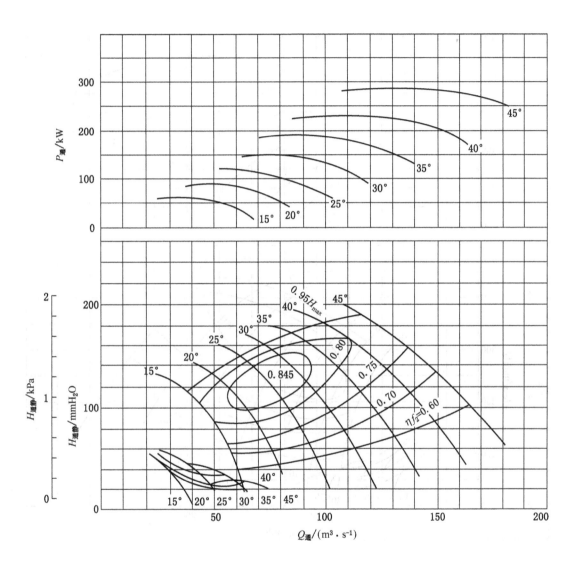

附图 4 - 8　62A14 - 11№24 型轴流式通风机特性曲线
（ $n = 750$ r/min，叶片数 $Z = 8$ ，1 mmH$_2$O = 9.80665 Pa）

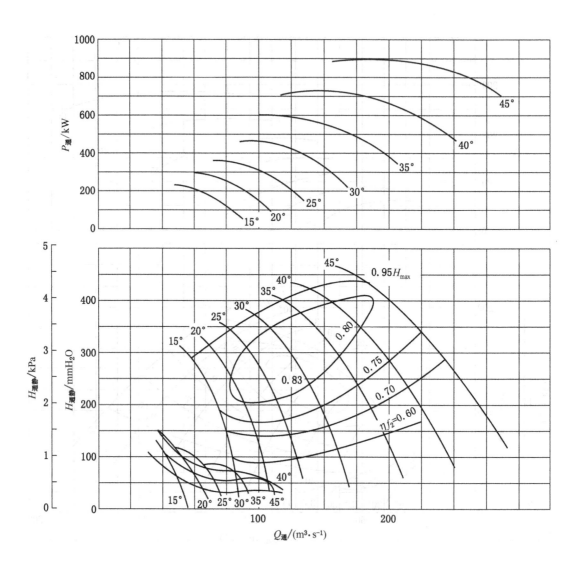

附图 4-9　62A14-11No24 型轴流式通风机特性曲线
（$n = 1000$ r/min，叶片数 $Z = 16$，1 mmH₂O = 9.80665 Pa）

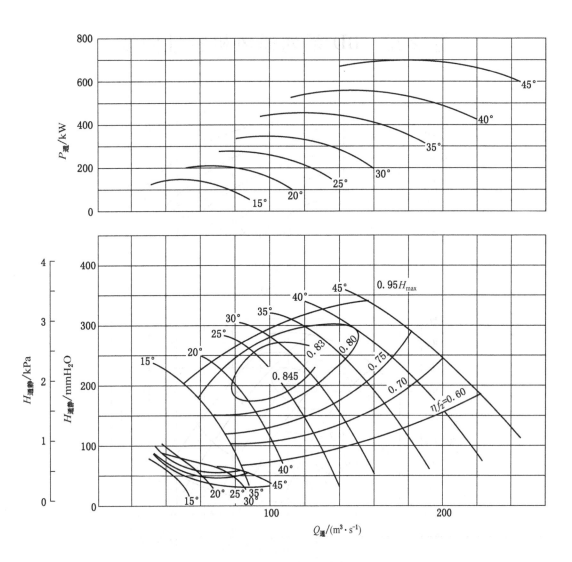

附图 4－10　62A14－11№24 型轴流式通风机特性曲线
（ $n = 1000$ r/min，叶片数 $Z = 8$ ）

附录五　BD 系列通风机特性曲线

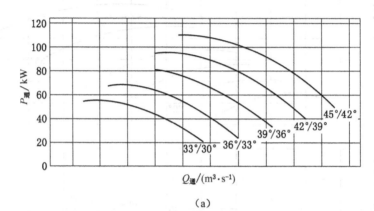

（a）

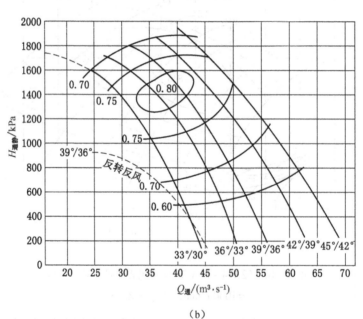

（b）

附图 5 - 1　BD№18 装置性能曲线（$n = 740$ r/min）

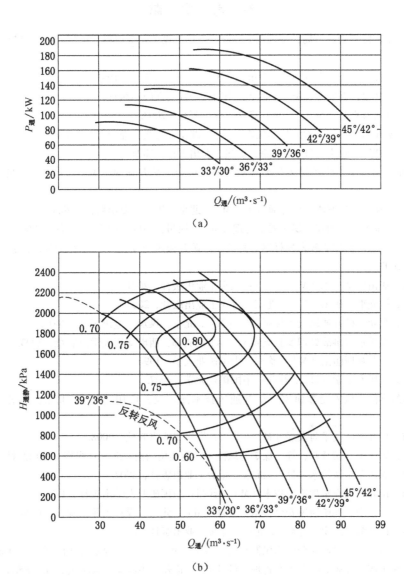

（a）

（b）

附图 5 – 2　BD№20 装置性能曲线（$n = 740$ r/min）

参 考 文 献

[1] 国家安全生产监督管理总局，国家煤矿安全监察局．煤矿安全规程［M］．北京：煤炭工业出版社，2009.

[2] 吴中立．矿井通风与安全［M］．徐州：中国矿业大学出版社，1997.

[3] 宁尚根．矿井通风与安全［M］．北京：中国劳动社会保障出版社，2006.

[4] 宁廷全．瓦斯检查员［M］．北京：煤炭工业出版社，2003.

[5] 胡献伍．矿井通风与安全检测仪器仪表［M］．北京：煤炭工业出版社，2007.

[6] 严建华．矿井通风技术［M］．北京：煤炭工业出版社，2005.

[7] 全国职业培训教学工作指导委员会煤炭专业委员会．矿井通风［M］．北京：煤炭工业出版社，2005.

[8] 王继仁，孟庆坤，汪友刚．矿井通风工［M］．北京：煤炭工业出版社，2000.

[9] 景国勋，杨玉中，张明安．煤矿安全管理［M］．徐州：中国矿业大学出版社，2007.

[10] 中国煤炭教育协会职业教育教材编审委员会．矿井通风与安全——通风技术．北京：煤炭工业出版社，2007.

[11] 张长喜．矿山安全技术［M］．北京：煤炭工业出版社，2001.

[12] 冯耀庭，闫光准．矿图［M］．北京：煤炭工业出版社，2004.

[13] 王从陆，吴超．矿井通风及系统可靠性［M］．北京：煤炭工业出版社，2007.

[14] 华道友．煤矿重大事故处理及救灾技术［M］．成都：西南交通大学出版社，2003.

[15] 俞启香．矿井瓦斯防治［M］．徐州：中国矿业大学，1990.

[16] 张国枢．通风安全学［M］．徐州：中国矿业大学，2007.

[17] 淮南煤炭学院通风安全教研室．矿井通风技术测定及其应用［M］．北京：煤炭工业出版社，1980.

[18] 张友谊．矿井通风技术与发展［M］．北京：煤炭工业出版社，2008.

[19] 陈国新，窦永山，侯登双，等．煤矿通风能力核定实用指南．北京：煤炭工业出版社，2006.

[20] 王显政．煤矿安全新技术［M］．北京：煤炭工业出版社，2002.

[21] 王德明．矿井通风安全理论与技术［M］．徐州：中国矿业大学出版社，1999.

[22] 戚宜欣，秦跃平．煤矿通风安全技术与管理［M］．北京：煤炭工业出版社，1998.

[23] 王俊峰．矿井测风测尘工［M］．北京：煤炭工业出版社，2005.

[24] 孙继平，田子健．煤矿安全检测仪器与监控系统［M］．北京：煤炭工业出版社，2008.

[25] 张徐，相国庆，陈运．安全生产管理人员［M］．徐州：中国矿业大学出版社，2007.

图书在版编目（CIP）数据

矿井通风工：技师/煤炭工业职业技能鉴定指导中心组织
编写．--修订本．--北京：煤炭工业出版社,2017(2021.9重印)
煤炭行业特有工种职业技能鉴定培训教材
ISBN 978 - 7 - 5020 - 6048 - 0

Ⅰ.①矿… Ⅱ.①煤… Ⅲ.①矿山通风—职业技能—鉴
定—教材 Ⅳ.①TD72

中国版本图书馆 CIP 数据核字（2017）第 190174 号

矿井通风工 技师 修订本

（煤炭行业特有工种职业技能鉴定培训教材）

组织编写	煤炭工业职业技能鉴定指导中心
责任编辑	徐 武 成联君
责任校对	姜惠萍
封面设计	王 滨

出版发行 煤炭工业出版社（北京市朝阳区芍药居 35 号 100029）
电 话 010 - 84657898（总编室）
010 - 64018321（发行部） 010 - 84657880（读者服务部）
电子信箱 cciph612@126. com
网 址 www. cciph. com. cn
印 刷 北京建宏印刷有限公司
经 销 全国新华书店

开 本 787mm×960mm$^1/_{16}$ 印张 10 字数 196 千字
版 次 2017 年 8 月第 1 版 2021 年 9 月第 3 次印刷
社内编号 8928 定价 28.00 元